NF文庫
ノンフィクション

航空母艦「赤城」「加賀」

大艦巨砲からの変身

大内建二

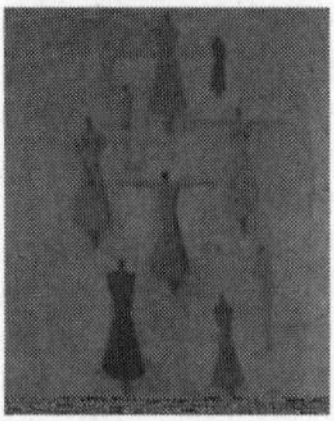

潮書房光人社

まえがき

世界の航空母艦の始祖は水上機母艦である。水上機はライト兄弟が一九〇三年（明治三十六年）に動力付き飛行機で初飛行した直後の、一九〇五年に早くも出現している。

世界各国の海軍では、水上機はもっとも身近に存在する強力な航空兵器であることを認識していた。そして一九一一年にアメリカのカーチス航空機製造会社が十分に実用に耐え得る水上機を生み出し、同時にフランスのファルマン航空機製造会社が同じく実用的な水上機を送り出した。

日本海軍は早くも一九一二年に両水上機を購入し、運用試験を開始した。そして一九一四年に第一次世界大戦が勃発し、連合軍側として日本も参戦すると、日本海軍は直ちにこの水上機を実戦に投入することを考え計画を実行に移した。海軍はこの四機の水上機をドイツ軍が守備する中国の青島攻略作戦に投入することを考え、その運用のために水上機四機を搭載する特設水上機母艦「若宮」を準備した。この「若宮」が世界最初に実戦に投入された航空母艦ということができるのである。

この航空作戦は海軍の作戦における航空機運用の有用性を証明するものとなり、日本海軍でも以後、航空機を海上戦闘に積極的に使うことの検討が開始されたのであった。

一方同じころ、アメリカやイギリスでは車輪付きの航空機を船舶（軍艦）の上から発着させる構想を実現させるための試験を繰り返していた。そして様々な実験を繰り返したのちにその可能性が確認され、イギリス海軍は一九一八年に客船改造の全通甲板式の航空母艦アーガスを完成させた。

日本海軍はこれに刺激され、一九二二年に世界最初の正規設計の航空母艦「鳳翔」を完成させることになった。またイギリス海軍も翌年に正規設計の航空母艦ハーミーズを完成させた。そしてこの結果は主要海軍国に将来の海戦には航空母艦が大きな役割を担うであろうことを想定させることになったのである。

その最中の一九二一年（大正十年）から翌年にかけてアメリカのワシントンで開催された、世界の五大海軍国によるワシントン軍縮会議において、初めて航空母艦が軍艦として認められ、しかもアメリカおよび日本がそれぞれ大型航空母艦を保有することが認められたのである。

この軍縮会議の結果、当時の世界の海軍のバックボーンとなっていた大艦巨砲主義を土台にした主力艦（戦艦・巡洋戦艦）の建艦競争に終止符が打たれ、新たに軍艦の枠の中に航空母艦が組み入れられ、廃艦処分される予定の巨艦の一部が航空母艦として改造されることを認める条項が許諾されたのであった。

そして日本海軍は廃艦が予定されていた巡洋戦艦「赤城」と戦艦「加賀」が、航空母艦として生まれ変わることが認められることになったのである。そしてまたアメリカ海軍も巡洋戦艦として完成が予定されていたレキシントンとサラトガが、同じく航空母艦に生まれ変わることになった。

この四隻の航空母艦はいずれも基準排水量が三万トン台の大型艦で、航空母艦として完成後の一九二七年以降は、この四隻は両国海軍のシンボル的な存在となったのだ。

大型航空母艦「赤城」は一九二七年（昭和二年）に、同じく「加賀」は一九二八年（昭和三年）に完成した。しかし両艦ともに設計にはイギリス海軍の多段式（二段式）飛行甲板型航空母艦フユーリアスの影響が多分に見られ、両艦ともにフユーリアス以外には世界的にもその例を見ない多段式（三段式）飛行甲板型航空母艦として完成している。

この二隻の設計に際し日本海軍は大型航空母艦には全く未経験であっただけに、当時近しい関係にあったイギリス海軍との関係から、フユーリアスの設計思想が取り入れられた形跡は見られた。しかしこの多段式飛行甲板型航空母艦は決して完成された思考の航空母艦とはいえず、その後運用上で多くの問題を抱えることになったのである。

やがて「加賀」は一九三二年（昭和七年）に上海事変に投入されている。

この実戦の結果からも多段式飛行甲板には多くの問題点が存在することが明確となり、その後の様々な航空母艦の装備の発達もにらみ、二隻を一段式飛行甲板型の航空母艦に大改造することになったのであった。

そして「加賀」は一九三五年（昭和十年）に、「赤城」は一九三八年（昭和十三年）に一段式飛行甲板型航空母艦となった。そしてこの改造に際して得られた様々なノウハウは、その後建造された日本海軍の航空母艦の設計に活かされることになったのである。

太平洋戦争の緒戦、「赤城」と「加賀」は日本海軍の主力航空母艦として大活躍することになったが、一九四二年六月に展開されたミッドウェー海戦で他の二隻（飛龍、蒼龍）の航空母艦とともに敵艦上爆撃機の攻撃で多数の命中弾を受け沈没した。

航空母艦「赤城」と「加賀」についてはその誕生から大改造を経て終焉までのありさまを紹介する資料が意外に少ない。本書ではこの両艦の誕生のいきさつや構造、問題点、各種装備および大改造、またその後の実戦での概略を紹介した。本書を読者の皆様の両艦の理解への概要資料としていただければ幸甚であります。

航空母艦「赤城」「加賀」——目次

第3章　航空母艦「赤城」と「加賀」の誕生

第4章　近代化改造された「赤城」と「加賀」

航空母艦「赤城」「加賀」

大艦巨砲からの変身

第1章　日本の航空母艦の黎明

水上機母艦「若宮」の戦い

ライト兄弟が一九〇三年（明治三十六年）十二月に世界で初めて動力飛行に成功して以来、アメリカは当然のことながら、フランスやイギリスなどで続々と十分に飛行に耐えうる動力飛行機の試作を始め、そして飛行に成功した。

日本の陸海軍もこの時代の最先端を行く、将来の有力な武器となるであろう飛行機の導入を計画し、さらにその試作を試みようとしたのであった。

一九一〇年（明治四十三年）十二月、陸軍はフランスから購入したアンリ・ファルマンⅢ一九一〇年型飛行機で、東京の代々木練兵場（現在の渋谷駅北側付近から新宿駅の南側にかけての広大な草原）において、徳川好敏陸軍大尉の操縦により日本で初めての動力飛行に成功した。一方海軍も陸軍にわずかに遅れて輸入した飛行機で試験飛行に成功している。

モーリス・ファルマン一九一二年型水上機

水上機の歴史は一九一〇年にフランスで始まった。フランスのル・カナール水上機が世界で初めての離水と飛行に成功している。

以後水上機はイギリス、フランス、アメリカが中心となり開発が続けられたが、日本海軍は水上機をフランスから購入し、試験飛行の準備を開始した。一九一二年（大正元年）十月に、フランスよりモーリス・ファルマン一九一二年型二機を購入し、同年十一月に挙行が予定されていた東京湾における天皇陛下臨席下での大演習観艦式で、水上機を飛ばす計画であった。

十一月十二日、金子養三海軍大尉は同機を操縦し、観艦式のお召艦である巡洋艦「筑波」のそばに着水し、再び離水するという離れ業を演じたのである。

この日海軍は二機目の水上機を用意していた。モーリス・ファルマン一九一二年型とは別に購入していたカーチス一九一二年型水上機を、河野三吉海軍大尉の操縦で観艦式の上空を低空で飛行させて、飛行機の威力を見せ

第１図　モーリス・ファルマン1912年型水上機

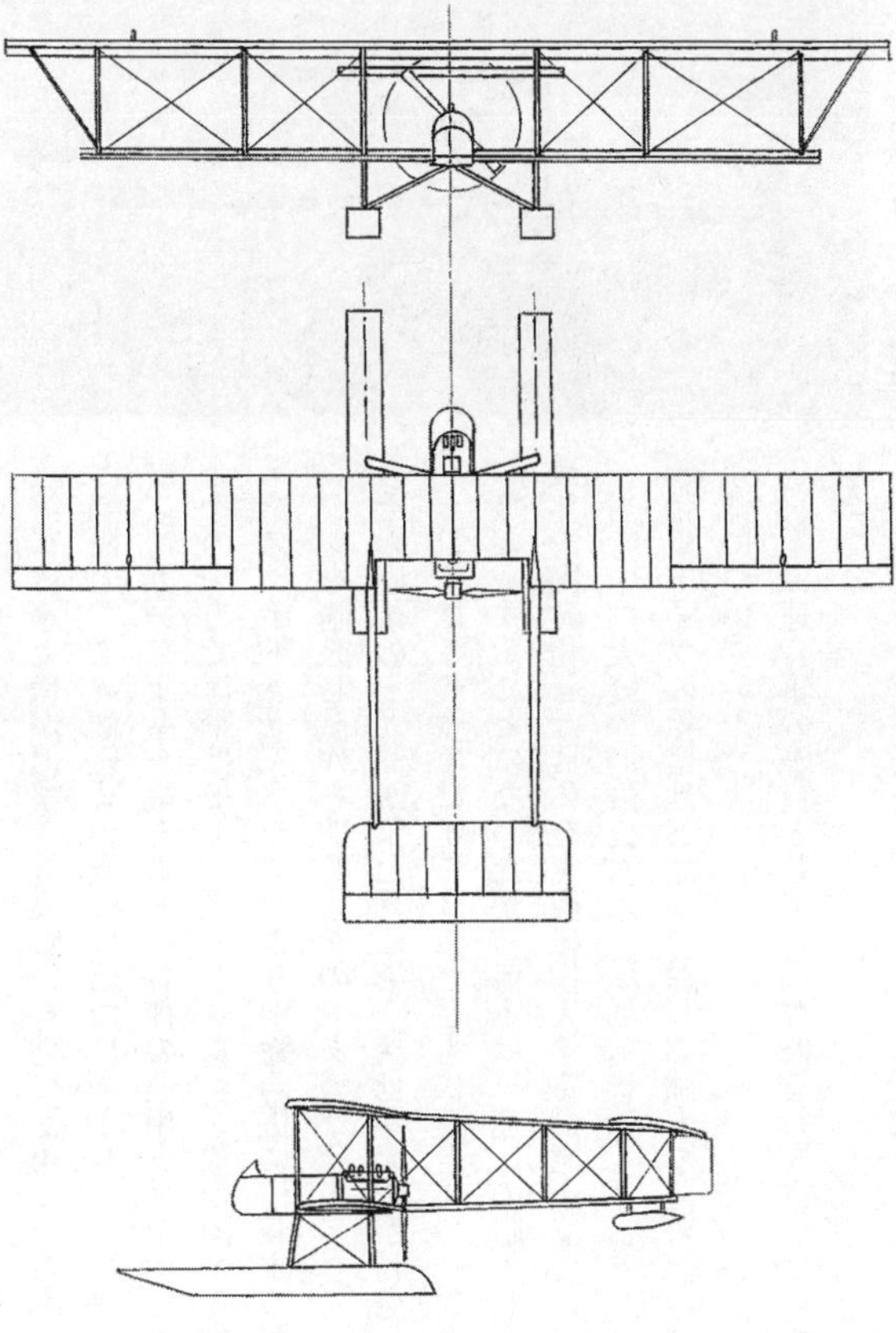

カーチス一九一二年型水上機

つけたのである。

海軍は水上機が偵察や敵攻撃に有効に活用できるものと判断し、この観艦式の直後に新たにモーリス・ファルマン一九一二年型一機を購入し各種の運用実験を始めた。

その一方で海軍はモーリス・ファルマン機の国産化作業をスタートさせ、フランスより別途同機に搭載するエンジンを購入し試作を開始したのであった。

その直後の一九一四年七月に第一次世界大戦が勃発した。日本はこの戦争にイギリスとともに連合軍の一員として参戦することになったが、海軍は早速この購入した機体や国産化した機体を実戦に投入する計画を立てた。

当時中国大陸の沿岸にある要衝の地青島（チンタオ）一帯はドイツの租借地となっており、強力な陸軍部隊が守備についていた。

日本は連合軍の一員として青島攻略を行なうことになった。

日本海軍は青島攻略に先立ち、青島周辺のドイツ軍戦

第２図　カーチス1912年型水上機

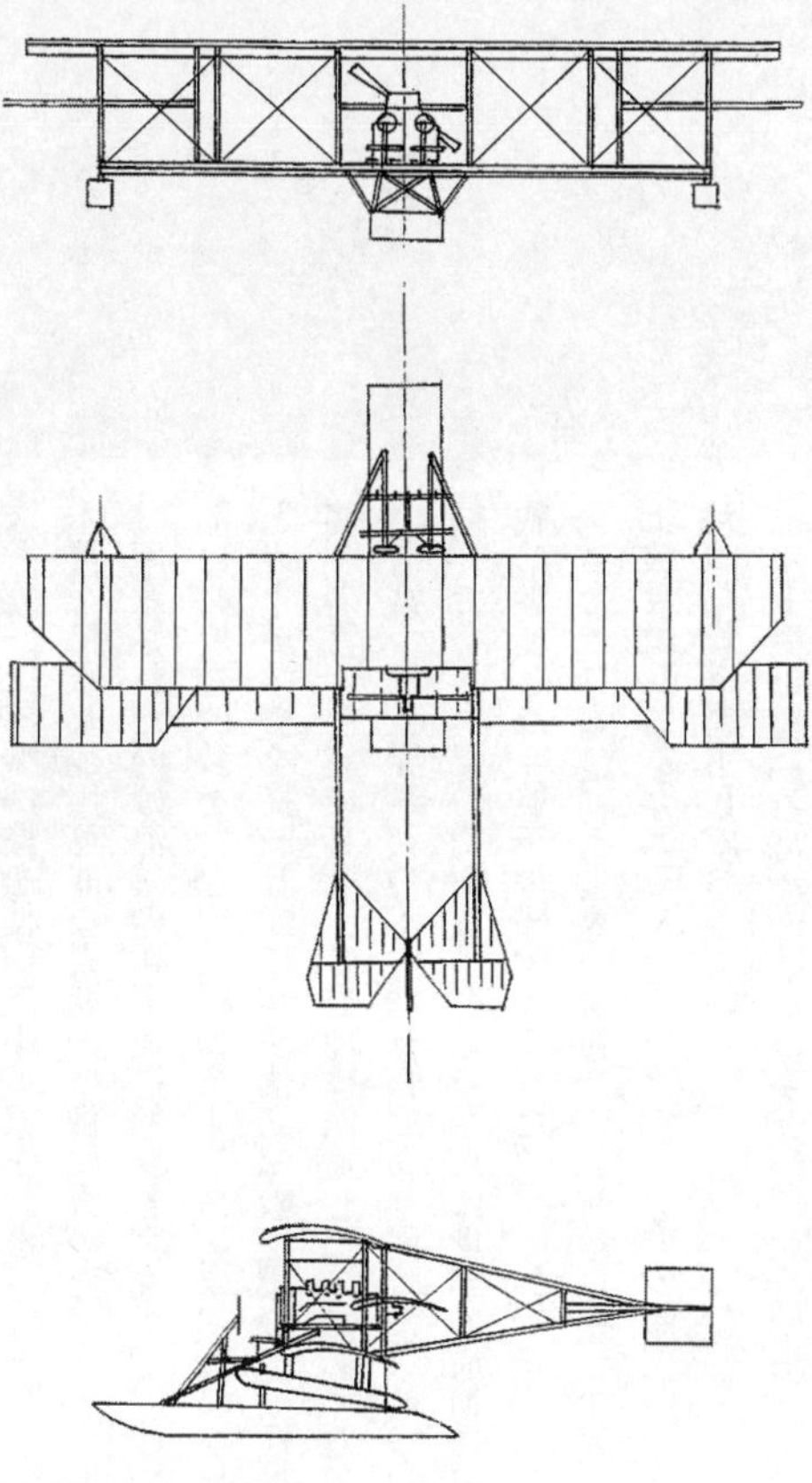

水上機母艦「若宮」

力を偵察する必要があり、そのために急遽、手持ちのモーリス・ファルマン機三機（うち一機は国産）とカーチス一九一二年型一機を使い空中偵察を行なうことにし、本機を搭載し運用可能な艦船の準備に入った。

用意されたのは海軍の雑用運送船「若宮丸」で、この船に必要な改装を行ない三機のモーリス・ファルマン機とカーチス機を搭載し、にわか仕立ての特設の水上機母艦「若宮」を完成させ、青島沖に派遣したのであった。「若宮」は世界最初の水上機母艦であり同時に「航空母艦」でもあったのである。そしてさらに世界で最初に実戦に参加した「航空母艦」となった。

ここで日本最初（世界で最初）の「航空母艦（実質水上機母艦）」である「若宮」について、その誕生のいきさつを若干説明しておきたい。

水上機母艦「若宮」の前身は一九〇一年（明治三十四年）にイギリスで建造された貨物船レシントン（LETHINTON）で、日露戦争最中の一九〇五年（明治

大正6年夏、追浜沖の「若宮」。
艦上にはモーリス・ファルマン機

三十八年）に香港からロシアのウラジオストックに向けて戦時品を搭載して航行中、対馬海峡で哨戒中の日本海軍の艦艇に拿捕された船である。

本船は五千百八十総トン、レシプロ機関推進で最高速力十ノットという、当時としては標準的な規模の貨物船であった。

その後日本海軍は本船を雑用輸送船として運用することになり、船名も「若宮丸」と改名された。そして一九一三年（大正二年）の海軍の秋の大演習で本船は青軍の特務艦として使われることになった。特務艦としての用途は三機の水上機（モーリス・ファルマン一九一二年型水上機二機とカーチス一九一二年型水上機一機）を搭載し、当時としては画期的な戦法となる空中偵察を行なうことであった。

この試みは成功し、以後「若宮丸」は多少の改造が施され、水上機母艦として運用されることになり、船名も特務艦「若宮」とされ一九一四年八月に正式に水上機母

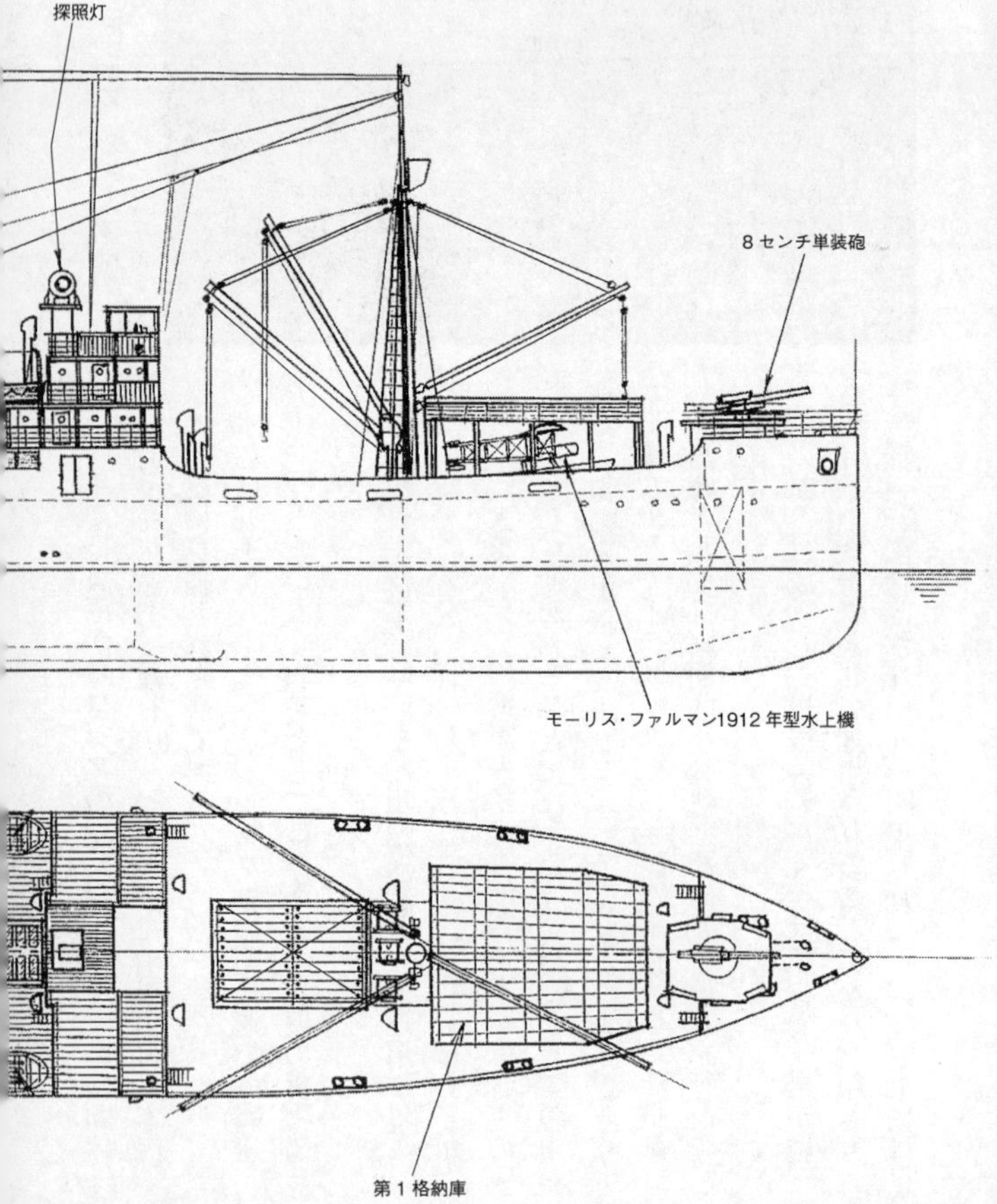
探照灯
8センチ単装砲
モーリス・ファルマン1912年型水上機
第1格納庫

第3図　水上機母艦「若宮」

基準排水量　5180トン
垂線間長　111.25m
全　　幅　14.68m
主 機 関　レシプロ機関
最大出力　1591馬力
軸　　数　1軸
最高速力　10ノット
兵　　装　8センチ単装砲2門
搭 載 機　4機

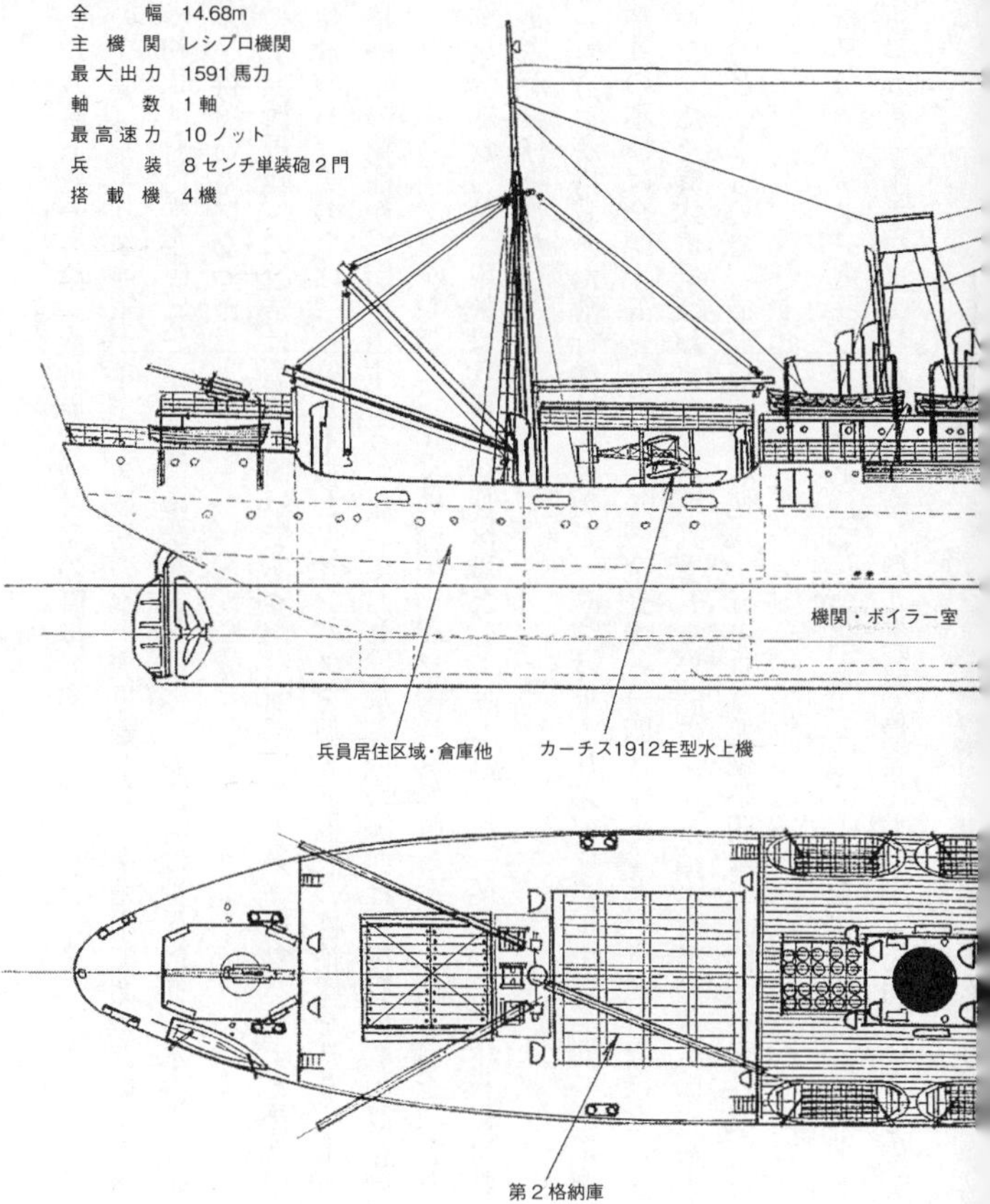

艦となったが、時あたかも第一次世界大戦勃発の直後であった。

「若宮」の完成はイギリス海軍がイギリス最初の水上機母艦として準備中であったアーク・ロイアル（初代＝石炭運送艦改造）の完成に先立つもので、「若宮」は世界最初の水上機母艦のタイトルを得ることになった。

「若宮」の水上機母艦への改造は極めて簡単であった。前部甲板の第一船倉ハッチと後部甲板の第三船倉のハッチの上に、鉄枠と木材とキャンバスを使って仮設の格納庫を造り、飛行機はこの格納庫の側面から引き出すようになっており、飛行機の海面との揚収は船の既存のデリック（クレーン）がつかわれた。また前部第二船倉内には分解した水上機二機を収容した。そして第二船倉の第二甲板は兵員の居住区域として使われ、第一船倉の第二甲板には特設の弾火薬庫が設けられた。

この時「若宮」が搭載した飛行機は二種類で、一つはモーリス・ファルマン一九一二年型で、二人乗りの本機は全幅十五・五メートル、全長十一・四メートルという意外なほどの大型機であった。ただ機体重量はわずかに八百五十五キロ、エンジンは水冷V型八気筒の最大出力七十馬力というもので、最高速力は時速八十五キロ、航続時間は二時間という性能であった。

もう一機種はカーチス一九一二年型水上機で、全幅十一・三メートル、全長八・五メートル、機体重量五百三十キロ、エンジンは水冷V型八気筒の最大出力七十五馬力というもので、最高速力は時速八十キロ、航続時間三時間であった。

二機種ともに一部に金属材料は使われているが大部分が木製（主として丸棒材や角材）、主翼や尾翼は羽布張りで、その姿から「アンドン飛行機」という綽名で呼ばれていた。

水上機母艦「若宮」は四機の水上機を搭載し、直ちに青島攻略作戦（一九一四年十一月～十二月）に参加した。そしてこのアンドン飛行機は合計四十九回の出撃を行なった。出撃内容は主に敵陣地の偵察と一部小型爆弾による攻撃であった（特製の爆弾を作り、乗組員が手で投下した）。

「若宮」はこの作戦中に敵側が敷設した機雷により船体が損傷、修理のために日本に帰還しているが、搭載された四機の水上機を全て至近の海岸に集め、海岸からの出撃を繰り返したのであった。

航空母艦「鳳翔」の出現

艦上に飛行機発着用の甲板を設け、車輪を付けた飛行機の発着を可能にしたいわゆる後の航空母艦の元祖は、一九一七年にイギリスが完成させたフユーリアスである。しかし結果的にはこの試みは失敗に終わった。

一九一七年六月に竣工した大型軽巡洋艦フユーリアス（基準排水量一万六千五百トン）に、試験的に艦橋構造物の前方から艦首甲板にある第一砲塔を覆うように全長六十九・五メート

上より、大型軽巡洋艦フユーリアス、第一次改装後のフユーリアス、全通飛行甲板化後のフユーリアス

（上）空母アーガス、（下）空母ハーミーズ

ルの飛行機発艦用の甲板を設け、さらに煙突の直後から艦尾にかけて九十一・五メートルの着艦用の飛行甲板を設け、特設の航空母艦とした。この前後の甲板間の飛行機の移動は、艦橋構造物と煙突の両側に飛行機の運搬が可能な通路が設けられて行なわれた。

フユーリアスからの陸上機の発艦には成功したが、着艦に関してはほとんどが失敗に終わり多くの死傷者を出した。

原因は明らかであった。後部飛行甲板の直前にそび

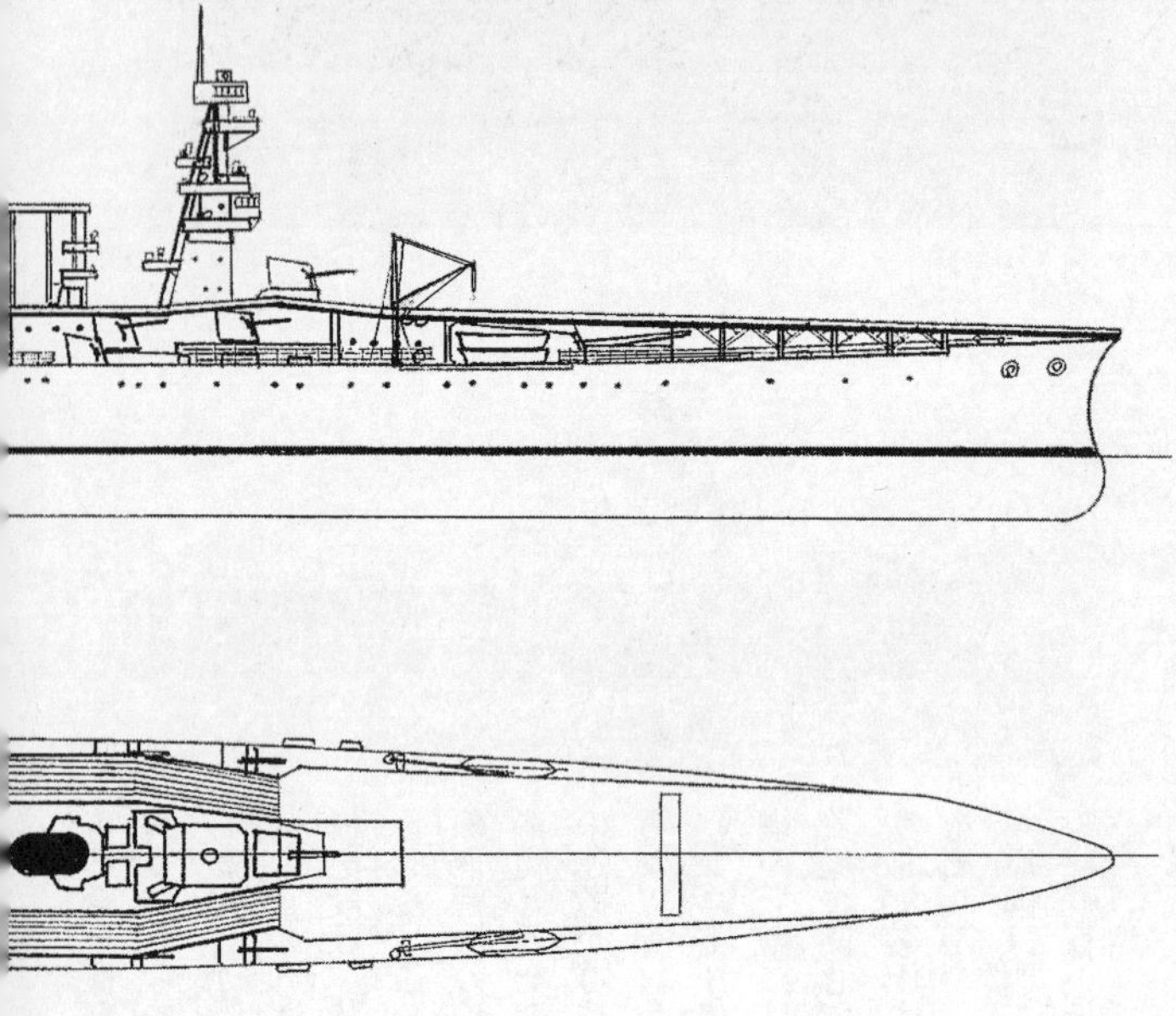

第４図　巡洋艦改造航空母艦フユーリアス(第１回改造後の姿)

常備排水量	19513トン
全　　長	239.7m
全　　幅	26.8m
主機関	蒸気タービン
最大出力	94000馬力
軸　　数	4軸
最高速力	31.5ノット
兵　　装	14センチ単装砲11門
搭載機	10機

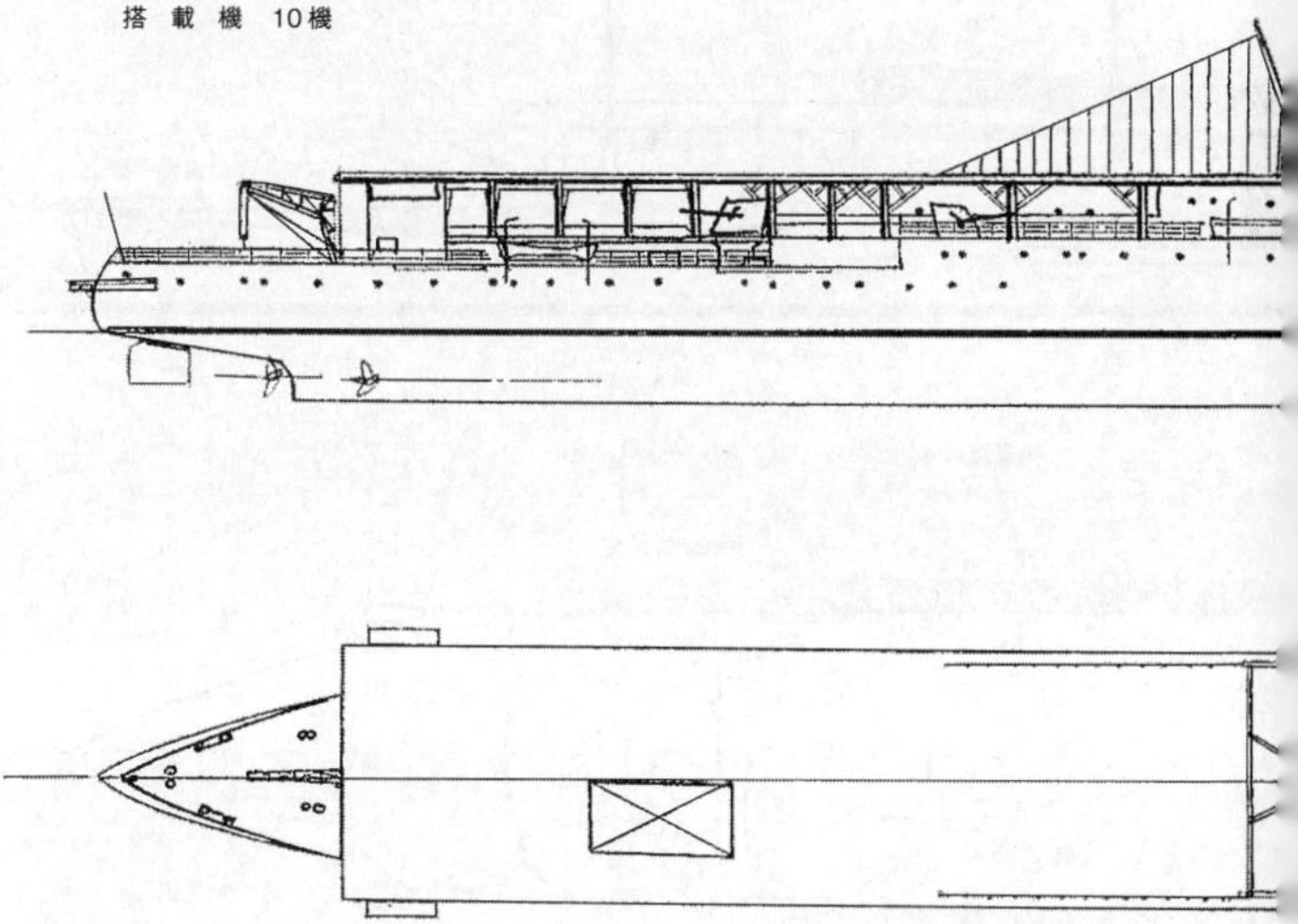

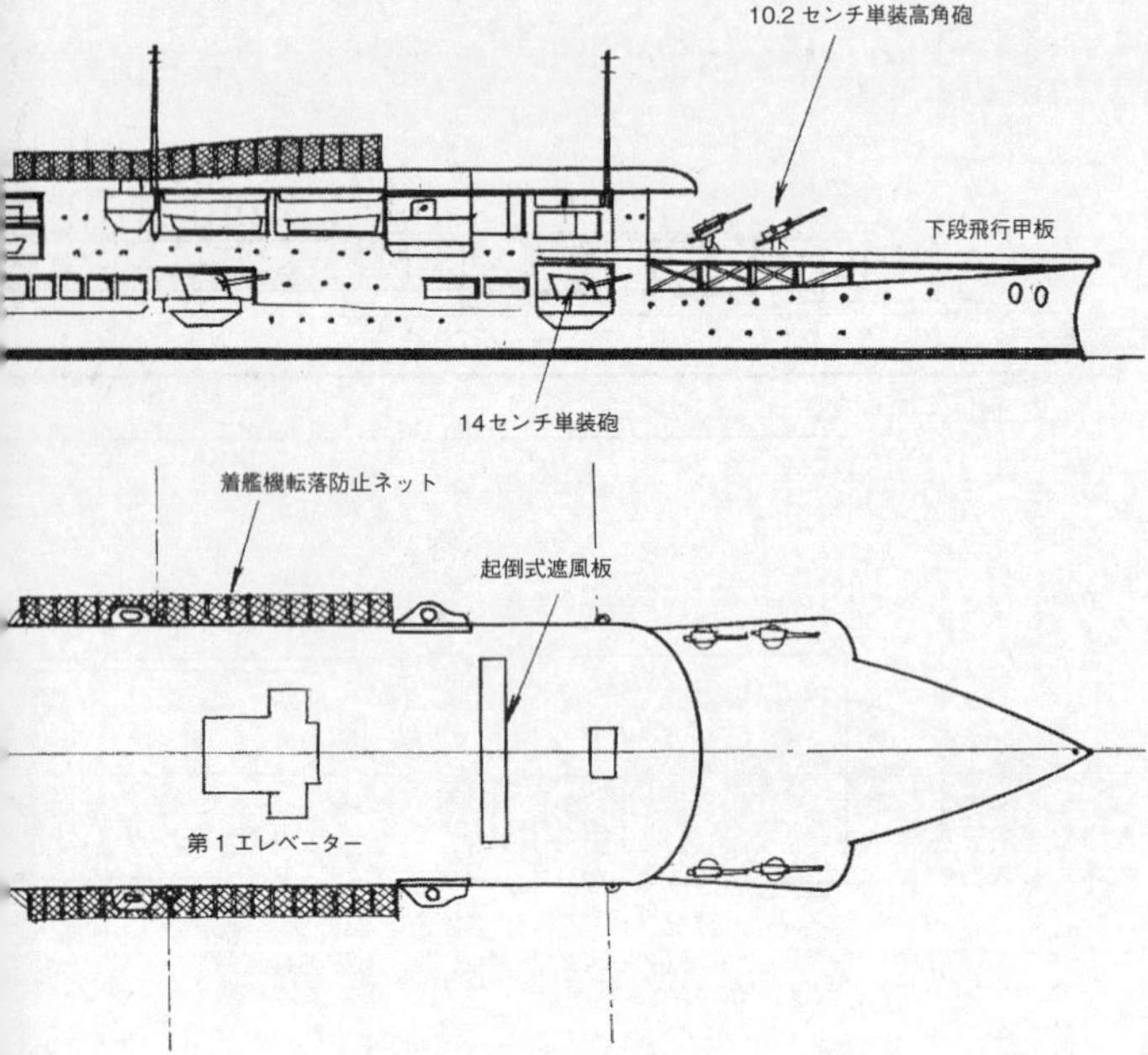
10.2センチ単装高角砲
下段飛行甲板
14センチ単装砲
着艦機転落防止ネット
起倒式遮風板
第1エレベーター

第5図　多段式航空母艦に改造されたフユーリアス

基準排水量	19100トン
全　　長	239.7m
全　　幅	27.4m
主 機 関	蒸気タービン
最大出力	90000馬力
最高速力	30ノット
兵　　装	14センチ単装砲10門
	10.2センチ単装高角砲4門
搭 載 機	33機

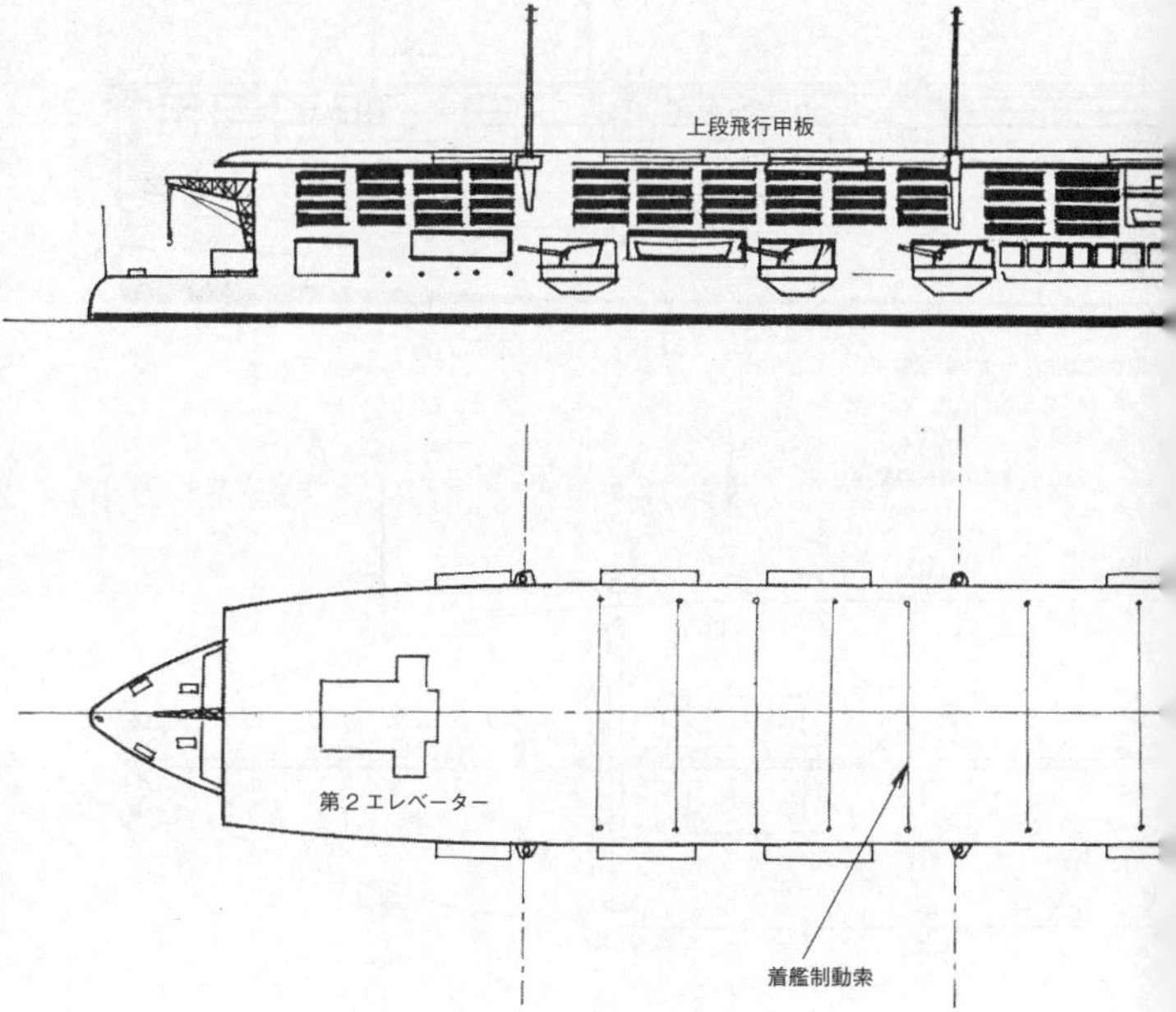

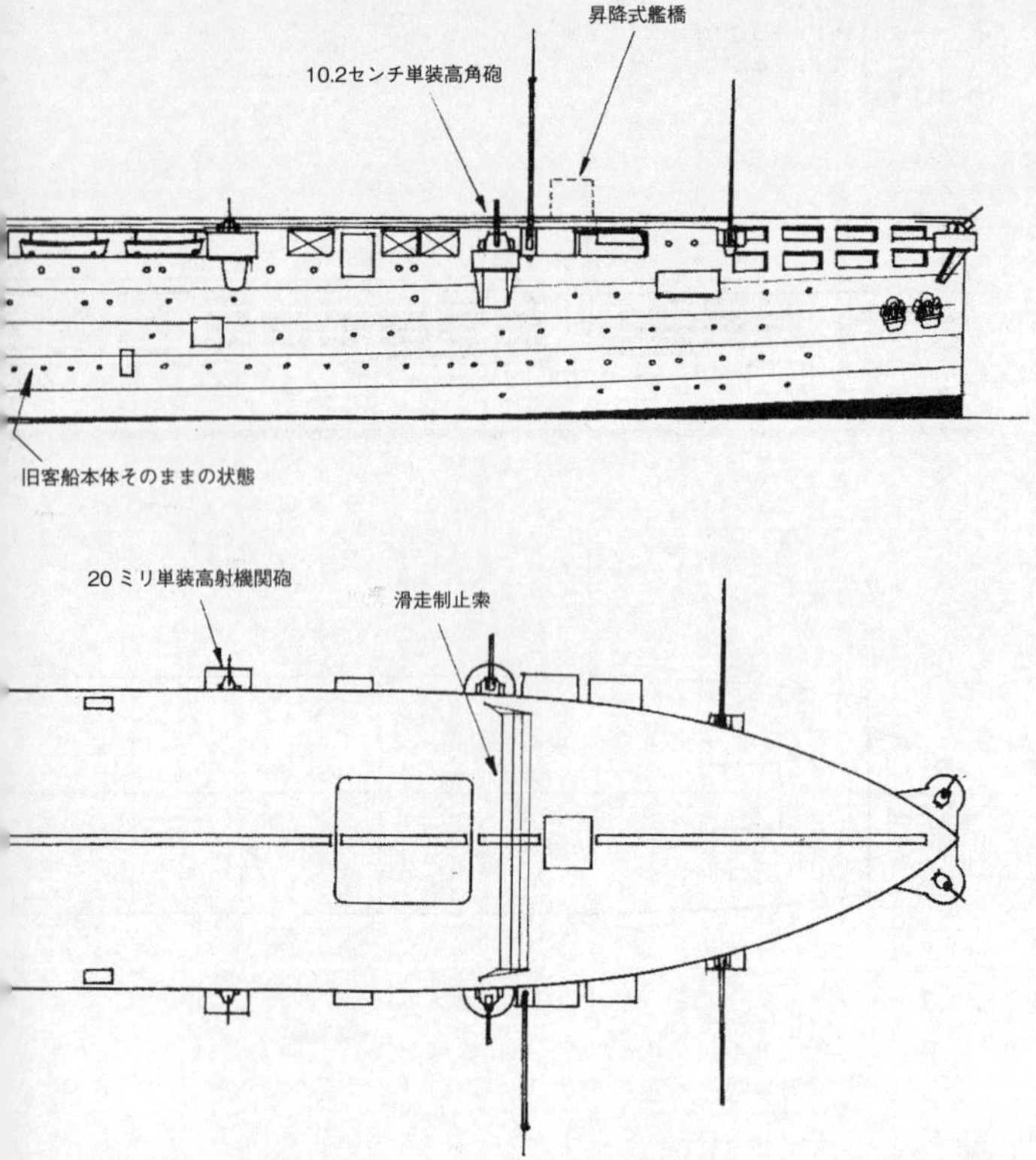
昇降式艦橋
10.2センチ単装高角砲
旧客船本体そのままの状態
20ミリ単装高射機関砲
滑走制止索

第6図　航空母艦アーガス（イタリア客船コンテ・ロッソ改造）

基準排水量　14450トン
全　　長　172.5m
全　　幅　20.7m
主 機 関　蒸気タービン
最大出力　20000馬力
最高速力　20ノット
兵　　装　10.2センチ単装高角砲6門
搭 載 機　20機

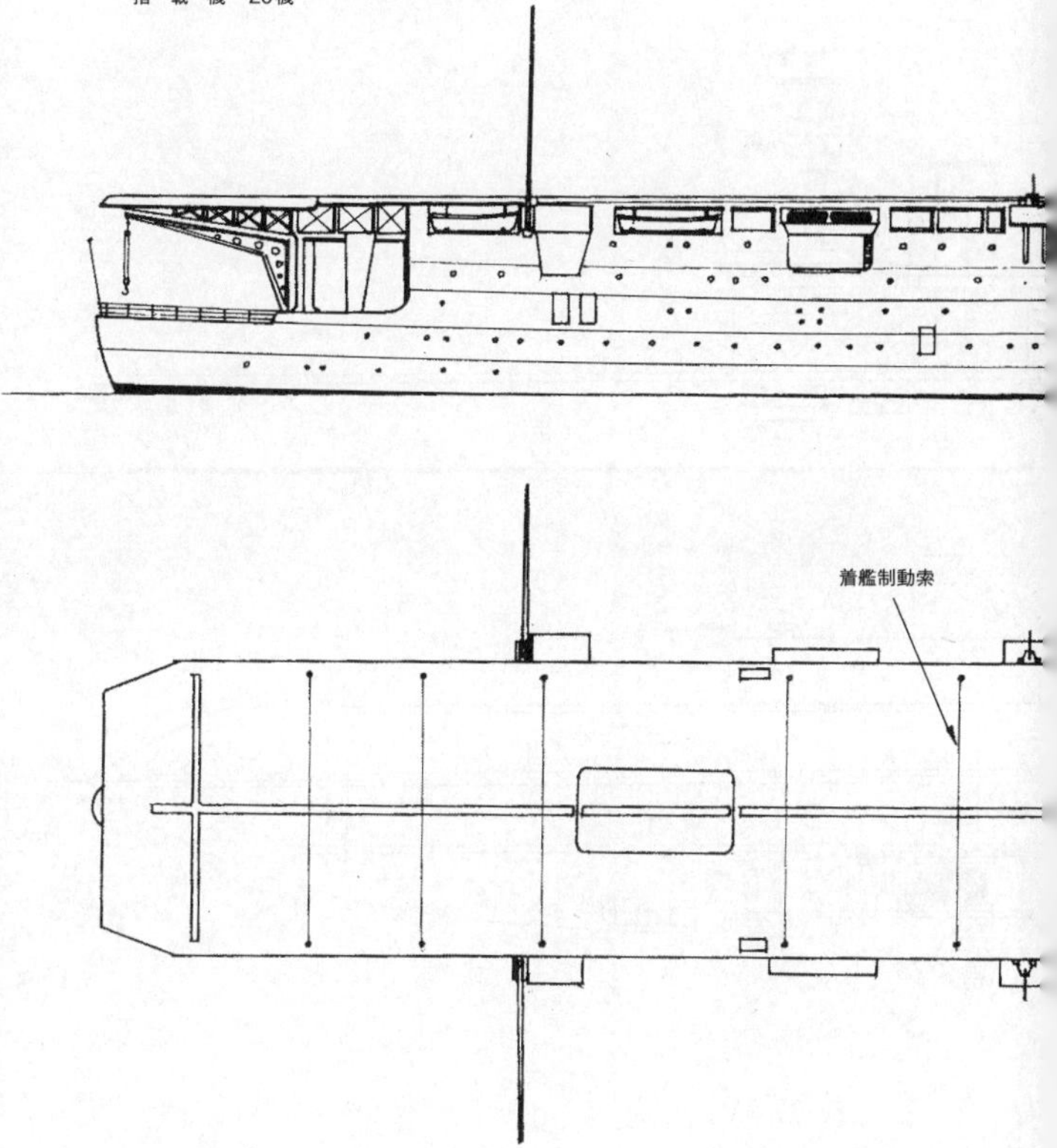

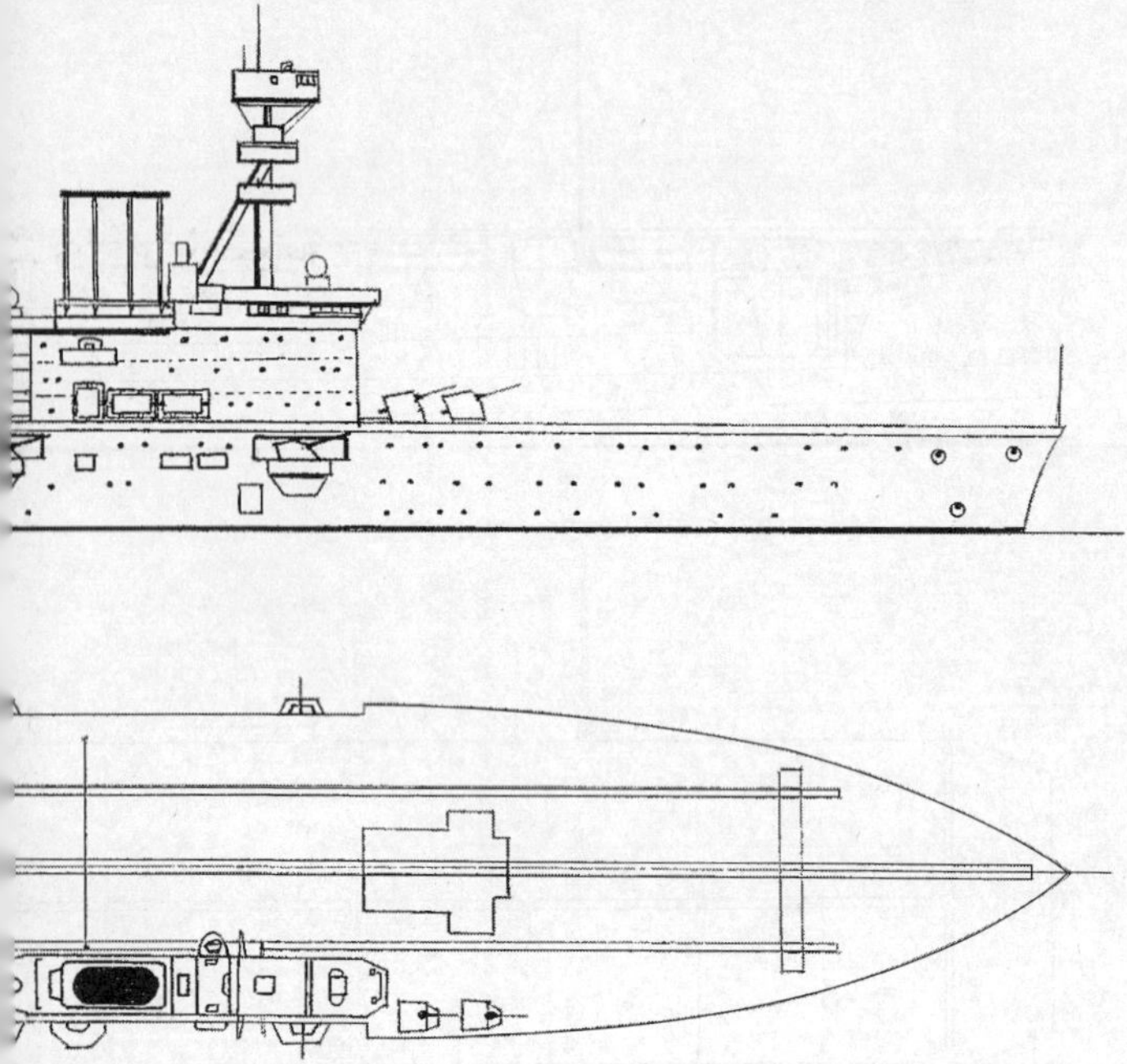

第７図　航空母艦ハーミーズ

基準排水量	10850トン
全　　長	182.9m
全　　幅	21.4m
主 機 関	蒸気タービン
最大出力	40000馬力
軸　　数	２軸
最高速力	25ノット
兵　　装	14センチ単装砲６門 10.2センチ単装高角砲４門
搭 載 機	20機

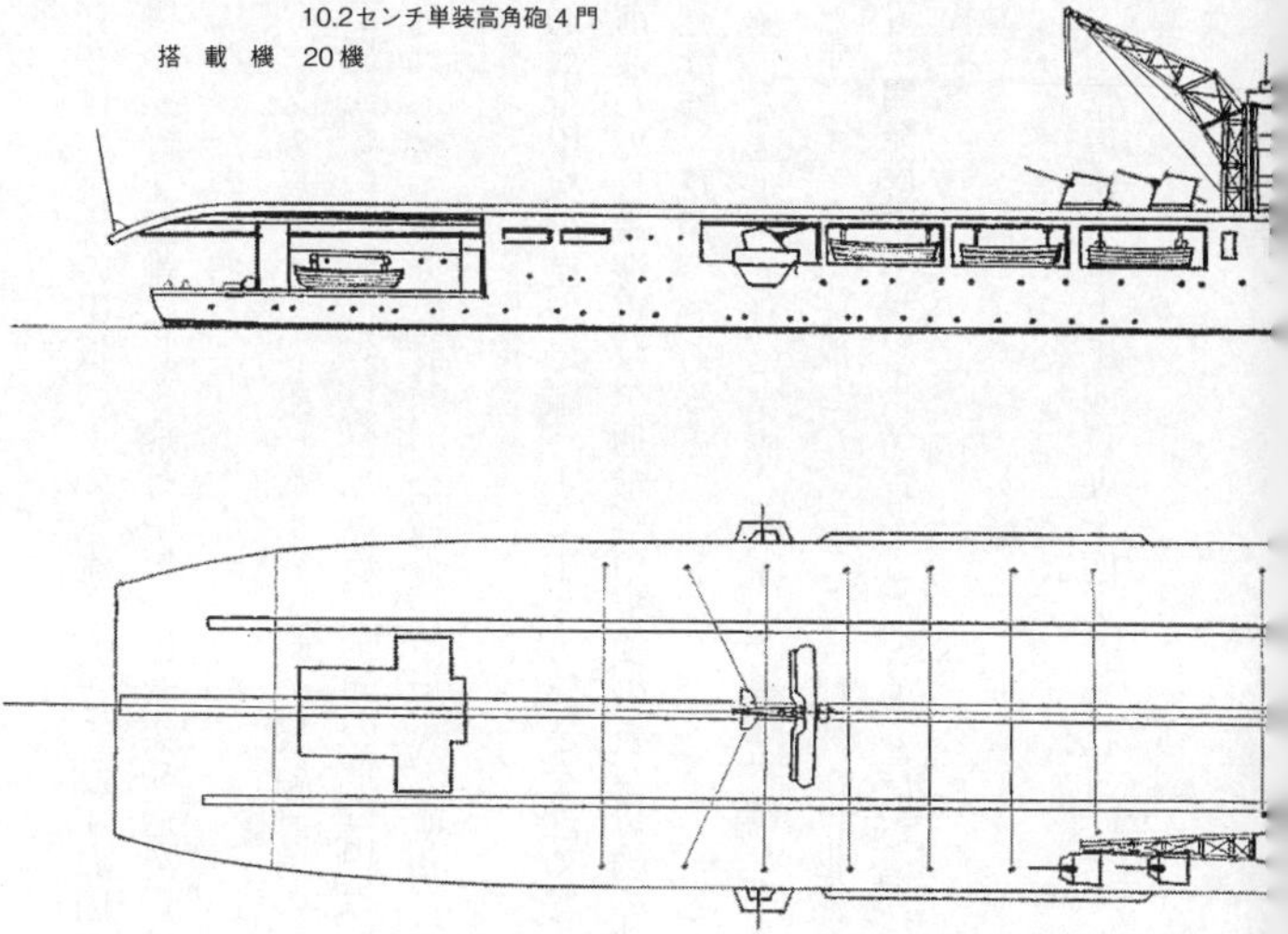

える煙突などの艦の構造物の存在は、直後の甲板の上の気流を大きく乱す原因となり、着艦する飛行機の安定を乱し飛行機の操縦を困難にし、飛行甲板への激突や過滑走による前方障害物への激突などを招くことになったのである。

イギリス海軍はこのフユーリアスの反省から、第一次世界大戦の終結直前の一九一八年九月に建造中の商船（イタリアが発注した客船）を買収し改造、全通の飛行甲板を設けた特設航空母艦アーガスを完成させた。本艦こそ世界最初の全通飛行甲板式の航空母艦（改造型）であった。

同じころイギリス海軍は全通飛行甲板の航空母艦ハーミーズの建造を進めていた。ところが全く同じ頃ハーミーズに相前後して日本海軍は全通飛行甲板式の航空母艦の建造を進めていた。日本海軍最初の正式航空母艦「鳳翔」である。

ハーミーズは一九二三年（大正十二年）七月に完成したが、「鳳翔」はハーミーズより七ヵ月早い一九二二年（大正十一年）十二月に完成した。つまり「鳳翔」は世界最初の全通飛行甲板を備えた航空母艦（設計・開発段階からの正規空母）ということになったのであった。

両艦の要目は次のとおりである。

「鳳翔」

基準排水量七千四百七十トン、常備排水量九千四百九十四トン

全長百七十一メートル、全幅十八メートル

主機関：タービン機関二基、最大出力三万馬力、二軸推進、最高速力二十五ノット
飛行機搭載数十五機（他に補用六機）

ハーミーズ
基準排水量一万八百五十トン、常備排水量一万三千三百トン
全長百八十二・九メートル、全幅二十一・四メートル
主機関：タービン機関二基、最大出力四万馬力、二軸推進、最高速力二十五ノット
飛行機搭載数二十機

同じ頃アメリカも改造型の全通飛行甲板式の航空母艦ラングレーを完成させていた。完成は一九二二年三月で、給炭艦ジュピターを航空母艦に改造したものであった。本艦の要目は次のとおりである。

基準排水量一万一千五十トン、常備排水量一万三千九百トン
全長百六十五・二メートル、全幅十九・九四メートル
主機関：タービン発電機二基、最大出力七千百五十馬力、二軸推進、最高速力十五ノット
飛行機搭載数三十四機

ラングレーは改造航空母艦であるが規模は二隻の正規航空母艦とほぼ同じである。
この三ヵ国は全通飛行甲板式の航空母艦をほぼ同時に建造したが、航空母艦を艦隊行動の中でいかに運用するかについてはまだ明確な方針が出ておらず、航空母艦という艦種を海軍

（上）進水直後の「鳳翔」、（下）完成直前の「鳳翔」

艦艇の中にどのように位置づけるかについても明確さを欠いていたのである。

ただ日本海軍は完成した航空母艦については、一九二一年（大正十年）十一月の「鳳翔」の進水と同時に、固定式飛行甲板式の航空母艦を水上機母艦とともにそれまでの特務艦の位置づけから、正式に軍艦としてあつかうことになった。しかし艦隊の中で軍艦である航空母艦をいかに運用するかについてはまだ意見が分かれるところであった。

一方航空母艦の完成予定に先立ち、航空母艦で運用する各種の飛行機の試作は当然ながら進められていた。そして航空母艦「鳳翔」の完成と相前後して実用の艦上攻撃機と艦上戦闘機を完成させた。ただ飛行機は完成させたものの、航空母

大正11年、公試運転中の「鳳翔」

艦への着艦や艦からの発艦はこれから進めなければならない課題であったのである。つまり「鳳翔」が完成した時点では、日本海軍では誰も航空母艦での離着艦の経験をしたものはいなかったのだ。

当時三菱航空機は複葉単座の一〇式艦上戦闘機を完成させており、実用の段階に入っており陸上での飛行訓練は行なわれていた。

一九二三年（大正十二年）二月二十二日、イギリス人のテストパイロットであるジョルダンが東京湾に浮かぶ「鳳翔」へ、一〇式艦上戦闘機で初めての着艦に成功した。日本海軍にとってはこの画期的な行為に対し賞金を与えたほどであった。そしてその一ヵ月後の三月十六日に今度は日本海軍の吉良俊一海軍大尉（後中将）が、同じく一〇式艦上戦闘機で着艦に成功している。日本海軍は彼の「偉業」に対し海軍大臣より賞状と金杯で報いた。

海軍はこの実績を見て航空母艦の運用についてより真剣な研究を重ねることになり、同時に各種の艦載機の開

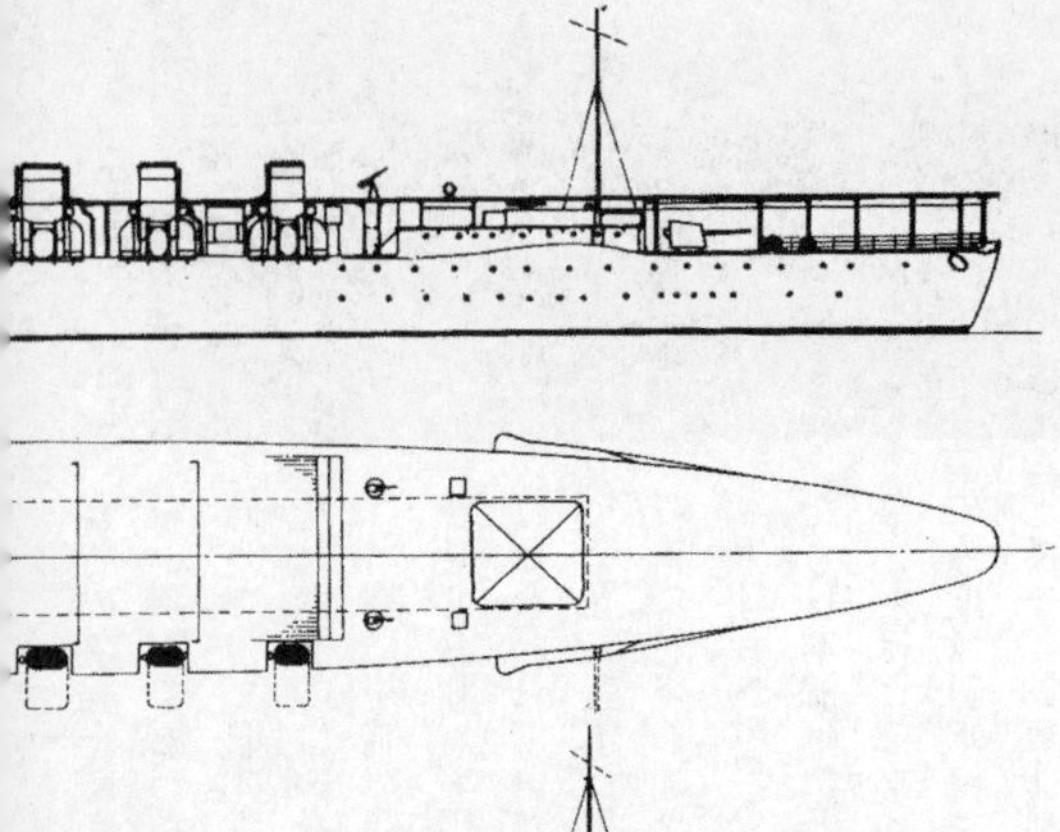

第8図　航空母艦「鳳翔」

基準排水量　7470トン
全　　　長　171.0m
全　　　幅　18.0m
主　機　関　蒸気タービン
最大出力　30000馬力
軸　　　数　2軸
最高速力　25ノット
兵　　　装　14センチ(単装)×4門、8センチ(単装)高角砲×2門
搭　載　機　21機

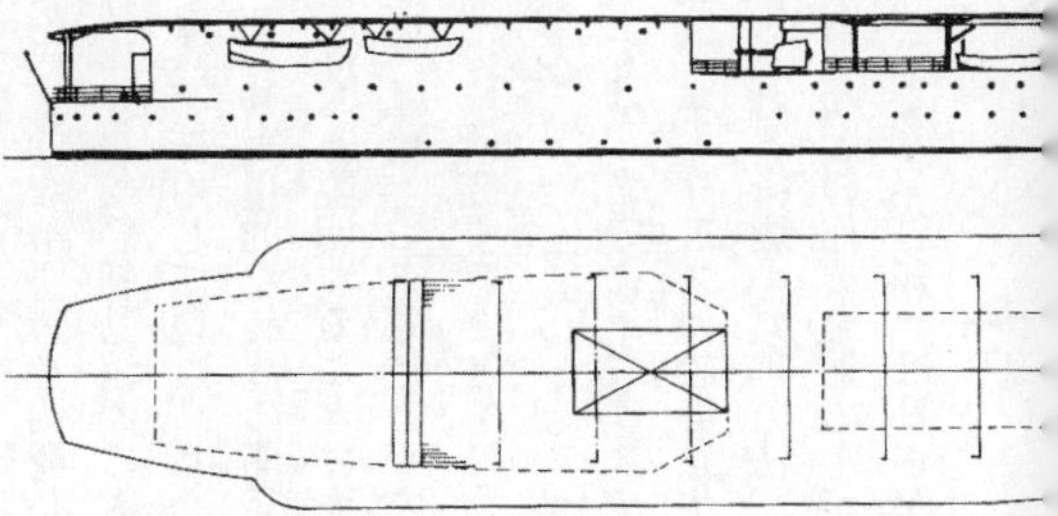

(竣工当時の姿)

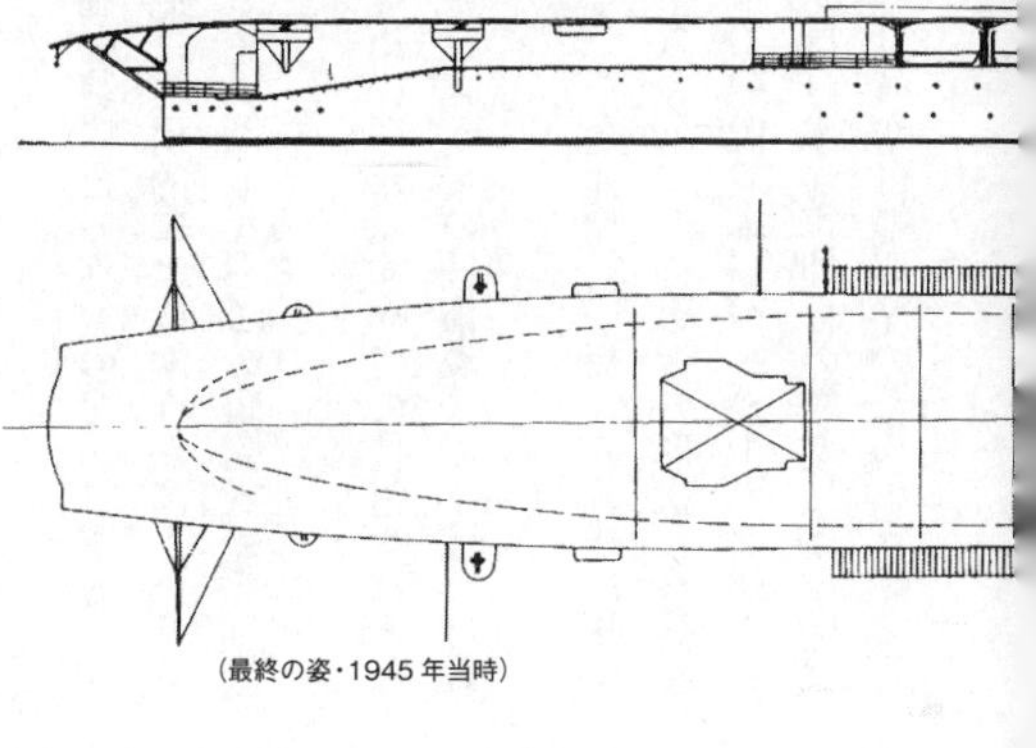

(最終の姿・1945年当時)

発を民間の航空機製造会社を巻き込んだ共同研究で積極的に展開することになった。

航空母艦を完成はさせたものの、その実際の運用の上ではまだ多くの解決しなければならない課題が残されていた。その最たるものが短い飛行甲板に着艦した飛行機の行き足をいかに早くしかも短距離で止めるか、という課題であった。この問題についてこの時点ではアメリカもイギリスもまだ決定的な解決策を開発していなかった。

この当時実用化されていた着艦制動装置は縦索式着艦制動装置というもので、日本もアメリカもイギリスも本方式を採用していた。しかしこの装置は実用的には危険性が高く、多くの問題を抱えており、より実用的な装置の開発が求められていた。なおこの縦索式着艦制動装置については後章で詳しく説明することにする。

日本海軍は航空母艦「鳳翔」の完成とともに母艦航空運用に関わるすべての技術や様々なノウハウについて、独自に研究するとともに先進国のイギリスからの技術導入で学ばなければならなかったのである。

「鳳翔」の建造に際しては、すでにイギリスが完成させていた全通飛行甲板式の航空母艦アーガスや、改造されたフユーリアスの設計思想や実績を組み入れ、飛行甲板の形状、格納庫の配置、機関から排出される排煙の処理方法、艦橋の構造や配置、エレベーターの寸法やその駆動機構、そして配置などの作業を進めたが、その多くは日本海軍独自の発案により開発されたものであった。つまり「鳳翔」は日本海軍にとっては航空母艦開発のための実験艦と

大正12年2月、一〇艦戦による「鳳翔」への着艦実験

いう位置づけでもあったのである。

・なお「鳳翔」に搭載予定の航空機は、常用が一〇式艦上戦闘機六機（他に補用三機）と一三式艦上攻撃機九機（他に補用三機）の合計十五機で、飛行甲板の長さはほぼ艦の全長に等しい百六十八・三メートル、全幅は艦の全幅より幾分広い二十二・七メートルであった。

「鳳翔」は上甲板上に前後に分離された二ヵ所の格納庫を備えており、前後の格納庫には飛行甲板と連絡するエレベーターが一基ずつ配置されていた。そして格納庫は前部が戦闘機用、後部が攻撃機用に使われる予定であったようである。

飛行甲板の形状はその後の飛行機の急速な発達の中で様々に変化したが、太平洋戦争当時は木製骨枠に羽布張り時代の航空機とは格段に進化した、全金属製の重量ある機体の離着艦の訓練艦として本艦を使うことになり、飛行甲板を艦首と艦尾からはみ出すほどに延長し、かろうじて運用可能にしたが実戦にはとうてい使用できる航空母艦ではなくなっていた。

なお「鳳翔」の実戦参加記録は次のとおりであった。

一九三二年（昭和七年）二月

上海事変参戦　搭載機は三式艦上戦闘機五機、一三式艦上攻撃機六機、他に戦闘機と攻撃機各一機を補用機として搭載。

上海方面敵施設爆撃。上海広大飛行場施設爆撃。

上海獅子林砲台爆撃。

一九三七年（昭和十二年）八月

日中戦争参戦　搭載機は九五式艦上戦闘機五機、九四式艦上攻撃機六機、

杭州湾沿岸・広東方面の諸施設および飛行場爆撃。

一九四二年（昭和十七年）六月

ミッドウェー作戦参戦

搭載機は九六式艦上攻撃機六機。

このうちの一機は漂流する「飛龍」を発見している。

戦艦部隊の直援（偵察と対潜哨戒）。

同時代の世界の航空母艦

日本海軍の航空母艦「鳳翔」が完成した一九二二年前後で、「鳳翔」以外では全通飛行甲板を備えた航空母艦はイギリス海軍のアーガス（一九一八年完成）、イーグル（一九二〇年完成）、ハーミーズ（一九二三年完成）、そしてアメリカ海軍のラングレー（一九二三年完成）の四隻で、この中で正式に航空母艦として建造されたものは「鳳翔」とハーミーズだけであった（イギリスのフューリアスの全通飛行甲板化は一九二五年）。

アーガスは建造途中のイタリアの客船コンテ・ロッソを購入し航空母艦に改造したもので、イーグルは建造途中のチリの戦艦アルミランテ・コクレーンを購入し航空母艦に改造したもの、そしてラングレーは給炭艦ジュピターを改造したものであった。

イギリス、アメリカそして日本の各海軍はこれらの航空母艦の完成を前に正式に海軍航空隊（イギリス海軍は海軍に付属する航空隊と位置づけ、艦隊空軍＝Fleet Air Arms＝の名称で呼ばれた）を誕生させた。

そしてイギリス海軍は一九二五年には、より大型の全通式飛行甲板型の航空母艦フューリアス、グローリアス、カレージアス（いずれも大型軽巡洋艦改造）を完成させ、世界に先駆けて艦隊空軍戦力の充実を図った。

一九二一年から翌年にかけてアメリカのワシントンで開催されたワシントン海軍軍縮条約

（上）戦艦アルミランテ・コクレーンと同型A・ラ・トール、（中）大型軽巡グローリアス、（下）同カレージアス

右ページ写真の艦から改造された各空母、（上）イーグル、（中）グローリアス、（下）カレージアス

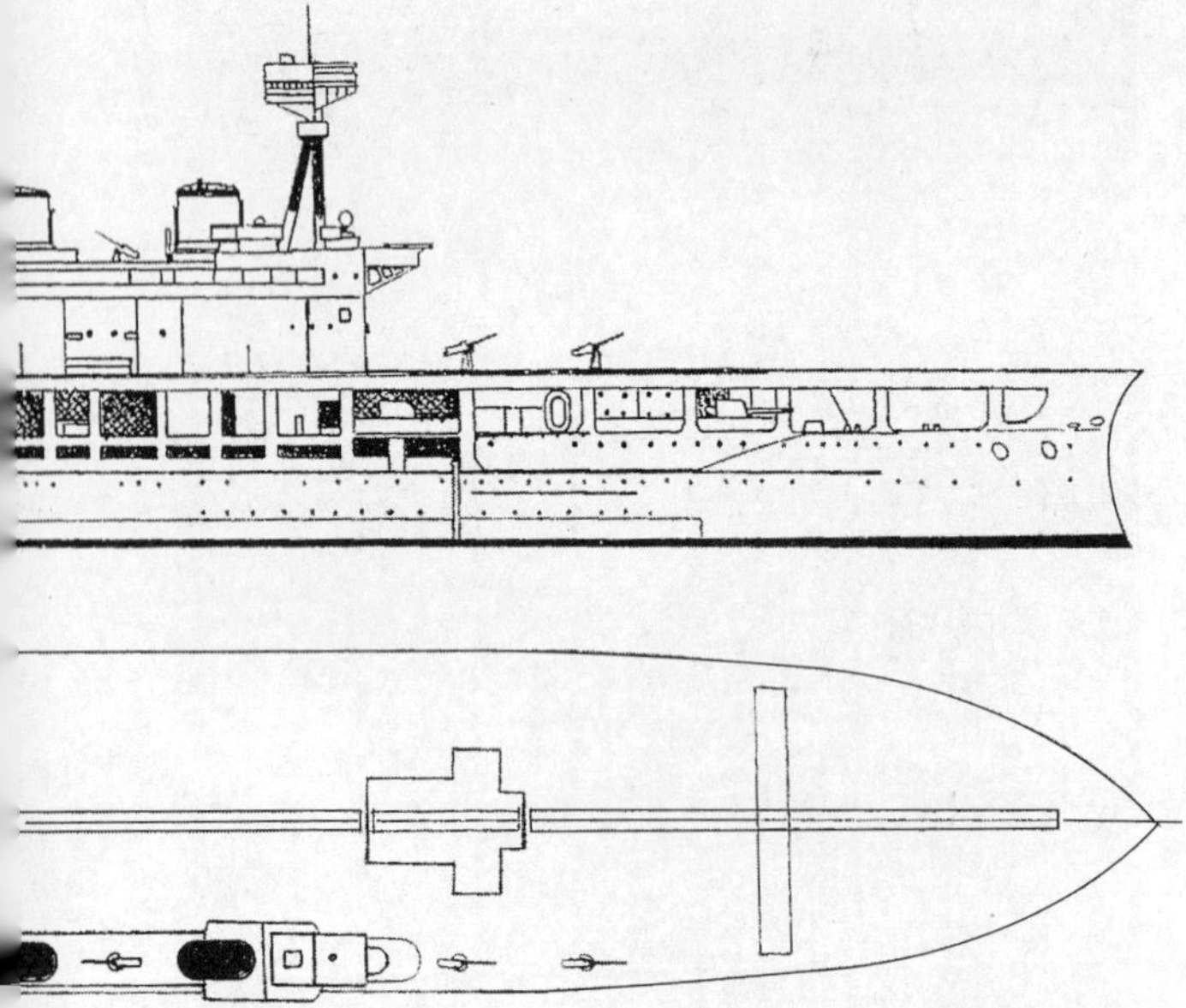

第9図　航空母艦イーグル(チリ戦艦アルミランテ・コクレーン改造)

基準排水量	22790トン
全　　長	203.3m
全　　幅	32.4m
主 機 関	蒸気タービン
最大出力	50000馬力
軸　　数	4軸
最高速力	24ノット
兵　　装	15.2センチ(単装)×9門
	10.2センチ単装高角砲×5門
搭 載 機	21機

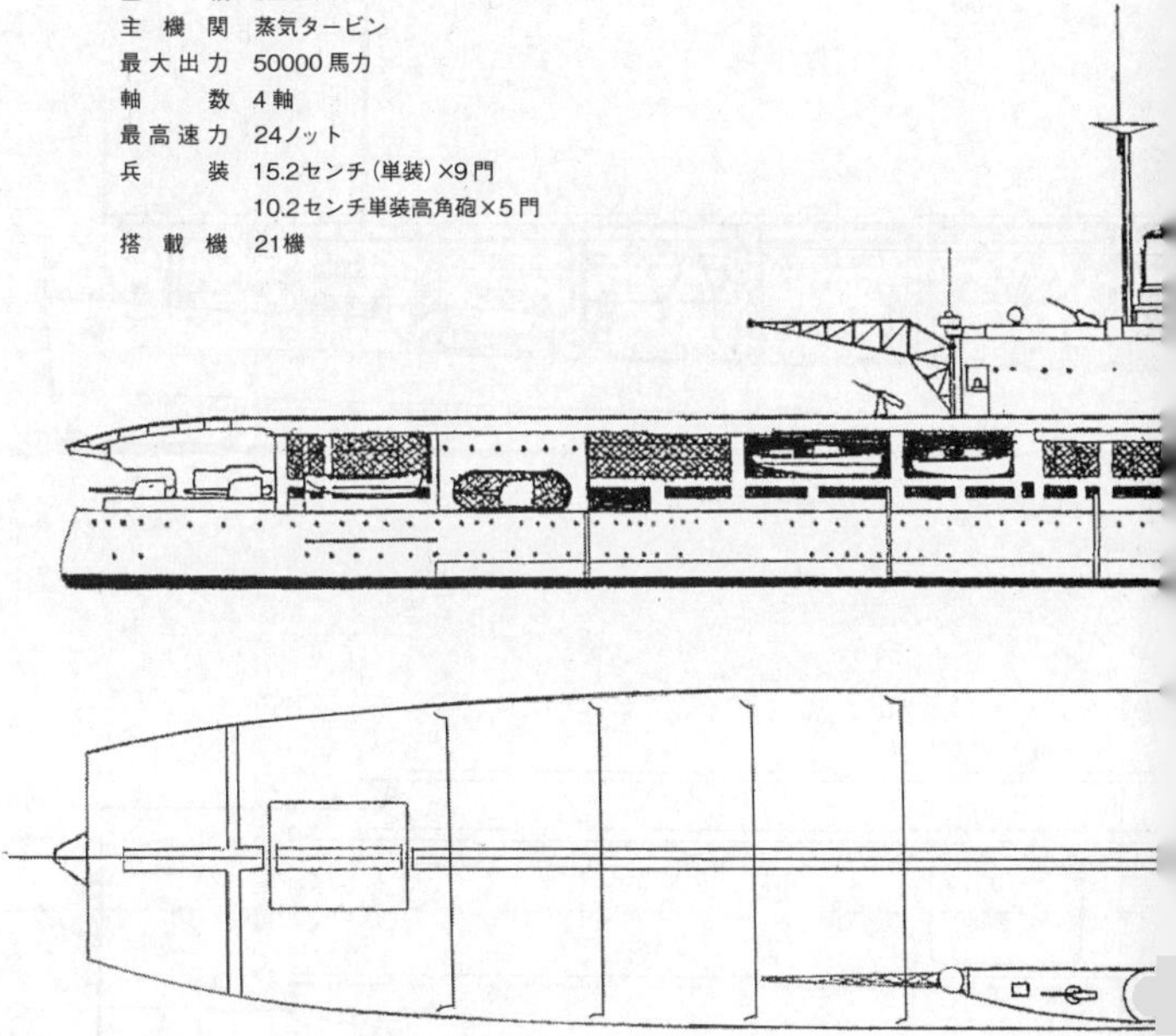

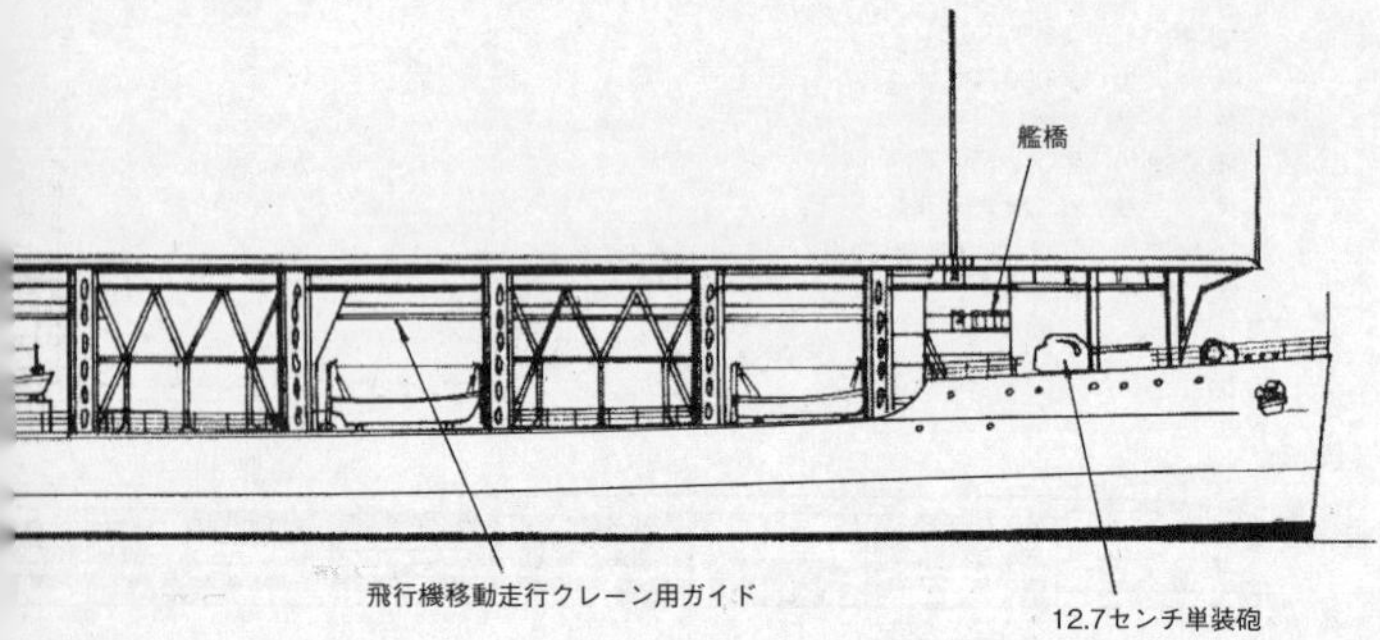
艦橋
飛行機移動走行クレーン用ガイド
12.7センチ単装砲

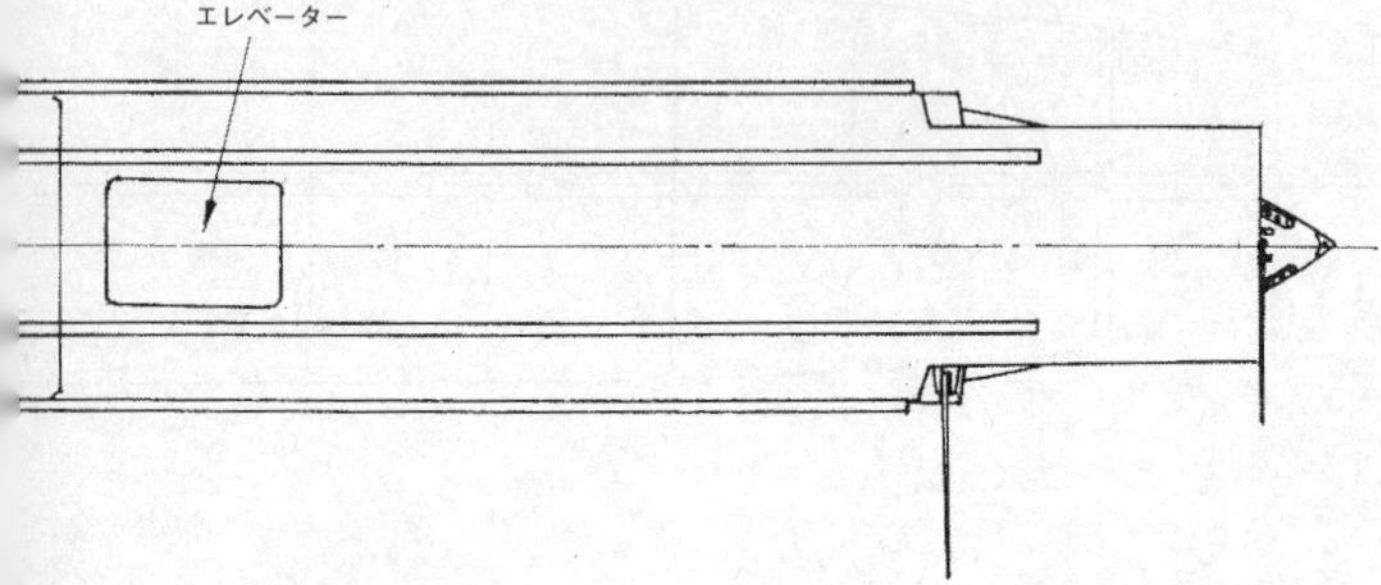
エレベーター

第10図　航空母艦ラングレー（給炭艦ジュピター改造）

基準排水量　11050トン
全　　　長　165.2m
全　　　幅　19.94m
主　機　関　ターボエレクトリック
最大出力　7150馬力
軸　　　数　2軸
最高速力　15ノット
兵　　　装　12.7センチ単装砲４門
搭　載　機　34機

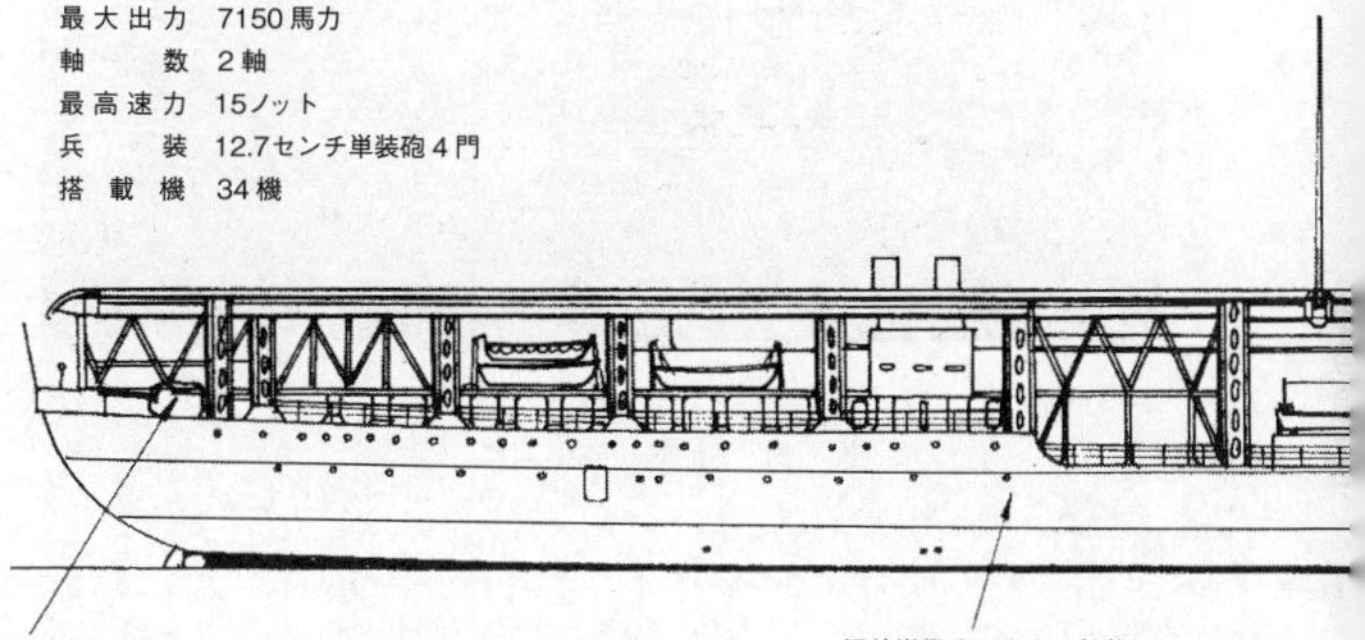

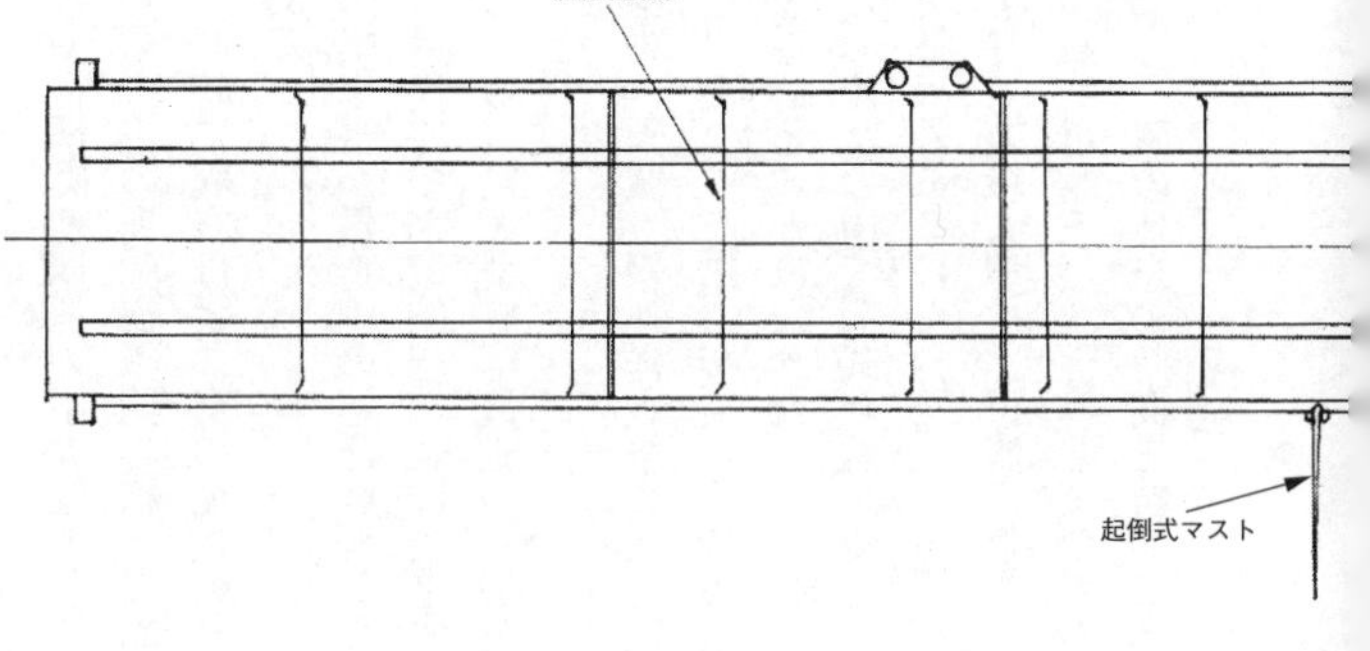

空母ラングレー

の中で、航空母艦が戦艦や巡洋艦と同様の主力艦として位置づけられたことは、その後の列強海軍国に様々な影響を与えることになり、同時に航空母艦の真の発達のきっかけともなったのである。

アメリカ海軍ではこの出来事が建造中の巡洋戦艦レキシントンとサラトガを、近代的な大型航空母艦に改造するきっかけとなり、さらなる新鋭大型航空母艦の建造を促進することにつながった。

一方日本海軍は建造中の「天城」級巡洋戦艦二隻を航空母艦に改造するきっかけとなり、ここでもさらなる近代的な航空母艦の建造を進めることになった。

またフランス海軍もこの流れの中で旧式戦艦一隻を航空母艦に改造する作業を進めることになった。一方イギリス海軍はすでにフユーリアス級大型航空母艦三隻を完成させており、また小型航空母艦三隻を保有していたために、航空母艦の建造には一時の休息の時間を持つことになった。

つまり航空母艦「鳳翔」が完成した前後の時代は、世界の主力海軍国の海軍航空戦力の基礎づくりの時代であり、同時にその後の充実した各種の艦載機の開発と海軍航空隊の戦力拡大の時代でもあったのである。

第2章　軍縮条約と八八艦隊

ワシントン海軍軍縮条約の意義

航空母艦「赤城」と「加賀」を語るとき、絶対に欠かすことのできないキーワードがワシントン海軍軍縮条約である。

ワシントン海軍軍縮条約とは、一九二一年（大正十年）十一月十一日から翌年の二月六日までの約三ヵ月にわたり、アメリカ合衆国の首都ワシントンで開催された会議で、世界五大海軍国（アメリカ、イギリス、日本、フランス、イタリア）の海軍力の拡大に対し制限を課することを目的に開催された会議である。この会議の主眼は参加五ヵ国の間で以後の主力艦の建造に関し厳しい制限を取り決めることであった。

第一次世界大戦が終結した後も、戦勝国である連合国側の前記五ヵ国では一層の海軍戦力の増強が進められていた。例えばアメリカではダニエルズプランが、日本では八八艦隊計画が進められていた。ちなみに日本海軍の八八艦隊計画とは、艦齢八年未満の戦艦八隻と巡洋戦艦八隻を根幹とする艦隊整備計画で、同時に巡洋艦と駆逐艦多数を整備する一大計画であった。

当時の各国海軍の戦闘力拡大は、ひとえに戦艦や巡洋戦艦を中心とする軍艦の新規建造に向けられており、各国海軍の艦隊整備計画はとどまるところを知らぬ勢いとなっていた。しかし艦隊の整備には莫大な国家予算の投入が必要であり、また造り上げた艦隊の維持にも莫大な費用が必要であるという大きな問題を抱えていたのだ。

日本の八八艦隊の整備に投入される資金は、最終的には当時の日本の国家予算の三分の一に相当するものとなり、さらに整備された艦隊の維持に必要な年間の必要経費においては、国家予算の半分に匹敵する莫大なものとなると試算されていた。

各国ともに海軍戦力の増強は国家存続の基本となると判断していたが、その勢いは国力を維持する限界に近づいていたのであった。それはアメリカも状況に変わりはなかった。

時のアメリカ大統領ウォーレン・G・ハーディングは自国の財政の今後を憂慮し、他の海軍四大国に対し海軍戦力増強計画の縮小、つまり海軍軍事力の縮小計画について討議することを提案した。この提案に対し対象各国も同調し海軍戦力の軍縮に関する基準づくりの会議が開催されることになったが、主導権は当初からアメリカとイギリスが握っていた。

ワシントン海軍軍縮条約の決定事項

本会議ではアメリカ、イギリス、日本、フランス、イタリア各国の利害が絡み合い、議題ごとにかなりの激論が交わされたが、最終的には次の内容の事項が採択され、この五大海軍国の以後の主力艦増強計画はこの会議で決定された制限下で進められることになった。そして決定した制限値を超える主力艦については、既存の建造中の艦を含め全て廃棄処分されることになった。しかしその一方で新しい主力艦として新たに航空母艦が認められ、国別の航空母艦の保有制限も定められたのである。

本会議で決定された国別の主力艦の保有制限の決定数値は次のとおりである。

㋑、戦艦および巡洋戦艦の保有上限合計基準排水量と一隻当たりの制限基準排水量

アメリカ	五十万トン	三万五千トン
イギリス	五十万トン	三万五千トン
日本	三十万トン	三万五千トン
フランス	十七万五千トン	三万五千トン
イタリア	十七万五千トン	三万五千トン

㋺、航空母艦の保有上限合計基準排水量と一隻当たりの制限基準排水量

アメリカ	十三万五千トン	二万七千トン（但し二隻に限り三万三千トン）
イギリス	十三万五千トン	同右

日本　　八万一千トン　　同右
フランス　　六万トン　　同右
イタリア　　六万トン　　同右
ハ、巡洋艦　　各国制限なし　　一万トン以下
ニ、主砲　　戦艦は十六インチ（四十センチ）以下
　　　　巡洋艦は八インチ（二十センチ）以下

この条約の締結により本条約会議の開催初日までに完成していない戦艦は全て廃艦と定められた。このためにこの時点で建造が進められ未完成の状態の戦艦と巡洋戦艦のすべては建造中止となり、直ちに破棄されることになった。

（注）巡洋戦艦とは戦艦と同等の砲戦力を持つが、戦艦よりも高速力を発揮するもので、高速力を得る代償として戦艦より防御力を軽量化した主力艦。

この条約会議で締結事項を討議する中で激論が交わされたテーマの一つに、日本の当時建造中であった十六インチ主砲搭載の戦艦「陸奥」の存在があった。本艦は実際には本会議の開催初日には実質的には未完成の状態（一九二一年〈大正十年〉竣工。僚艦「長門」は一九二〇年十一月竣工）であったが、日本側はこれを完成したものと主張し激論となった。そして結論として妥協案が生まれることになった。

アメリカやイギリスは「陸奥」を完成した戦艦と認める条件として、同じ十六インチ主砲

戦艦「陸奥」

搭載で建造中のコロラドとウエスト・バージニアの建造の続行が認められることになり、さらにイギリスは十六インチ主砲搭載のネルソンとロドネーの建造が認められることになった。こうしたことは、むしろ日本の戦艦戦力を劣勢にする結果を招くことになってしまったのである。大艦巨砲主義時代を象徴する日本にとっては理不尽な決定が下されたのだ。

航空母艦建造に関する制限

ワシントン海軍軍縮条約会議で各国の間で交わされた討論の対象は、大半が戦艦と巡洋戦艦の保有量に関するものであった。そしてこの二種類の主力艦ほど重要視されず、大きな論争にもならなかった主力艦が、新たに主力艦として認められた航空母艦であった。

しかしアメリカと日本は条約締結後に直ちにこの新しい主力艦に対して反応を示すことになった。つまり建造の中止が決まった戦艦や巡洋戦艦、特に速力の早い巡洋

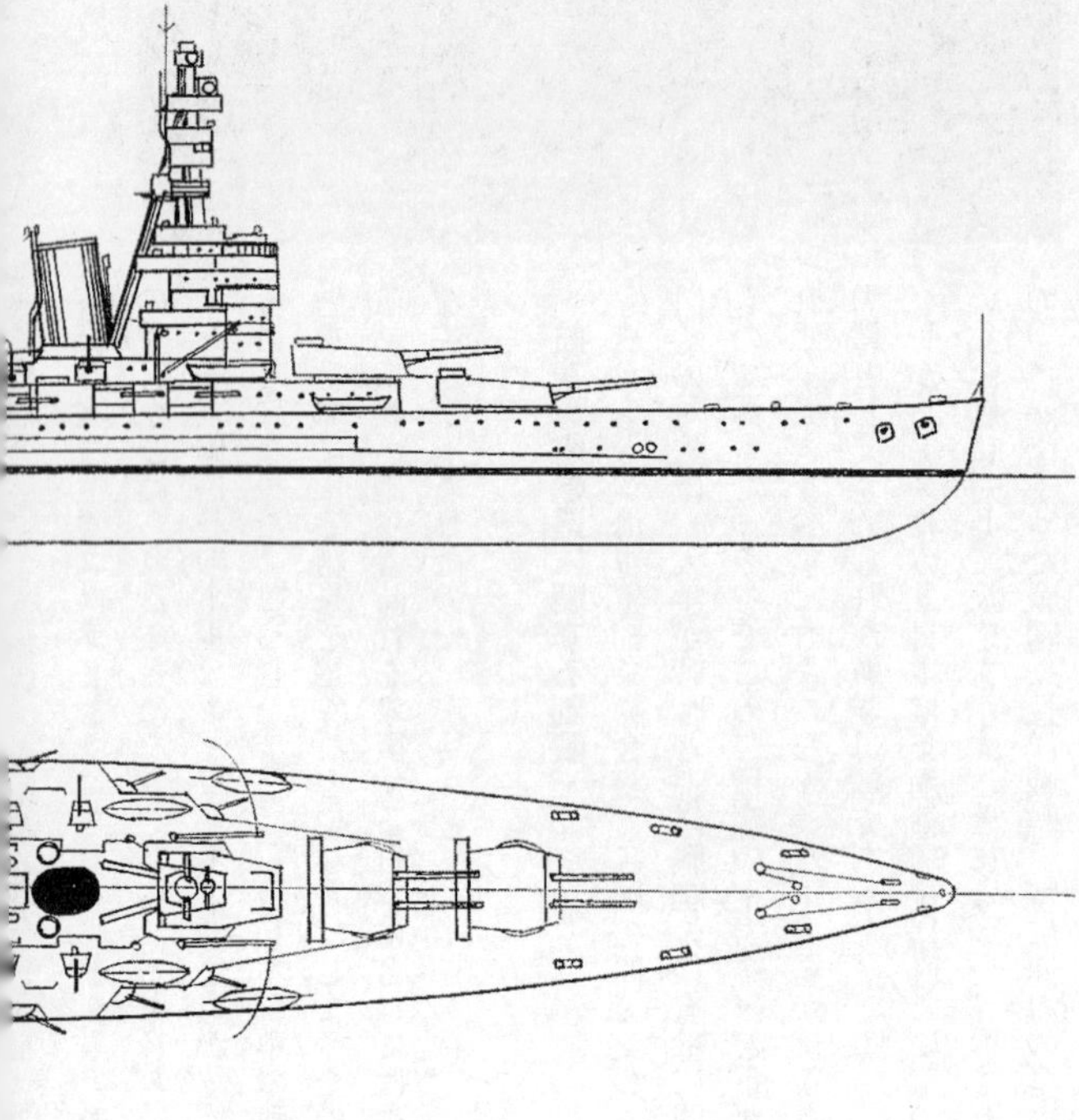

第11図　巡洋戦艦「天城」級完成予想図

常備排水量　41200トン
全　　　長　252.1m
全　　　幅　30.8m
主　機　関　蒸気タービン
最大出力　131200馬力
最高速力　30.0ノット
兵　　　装　41センチ連装砲塔５基
14センチ単装砲16門
61センチ魚雷発射管８門
装　　　甲　舷側最大254㎜　甲板最大95㎜

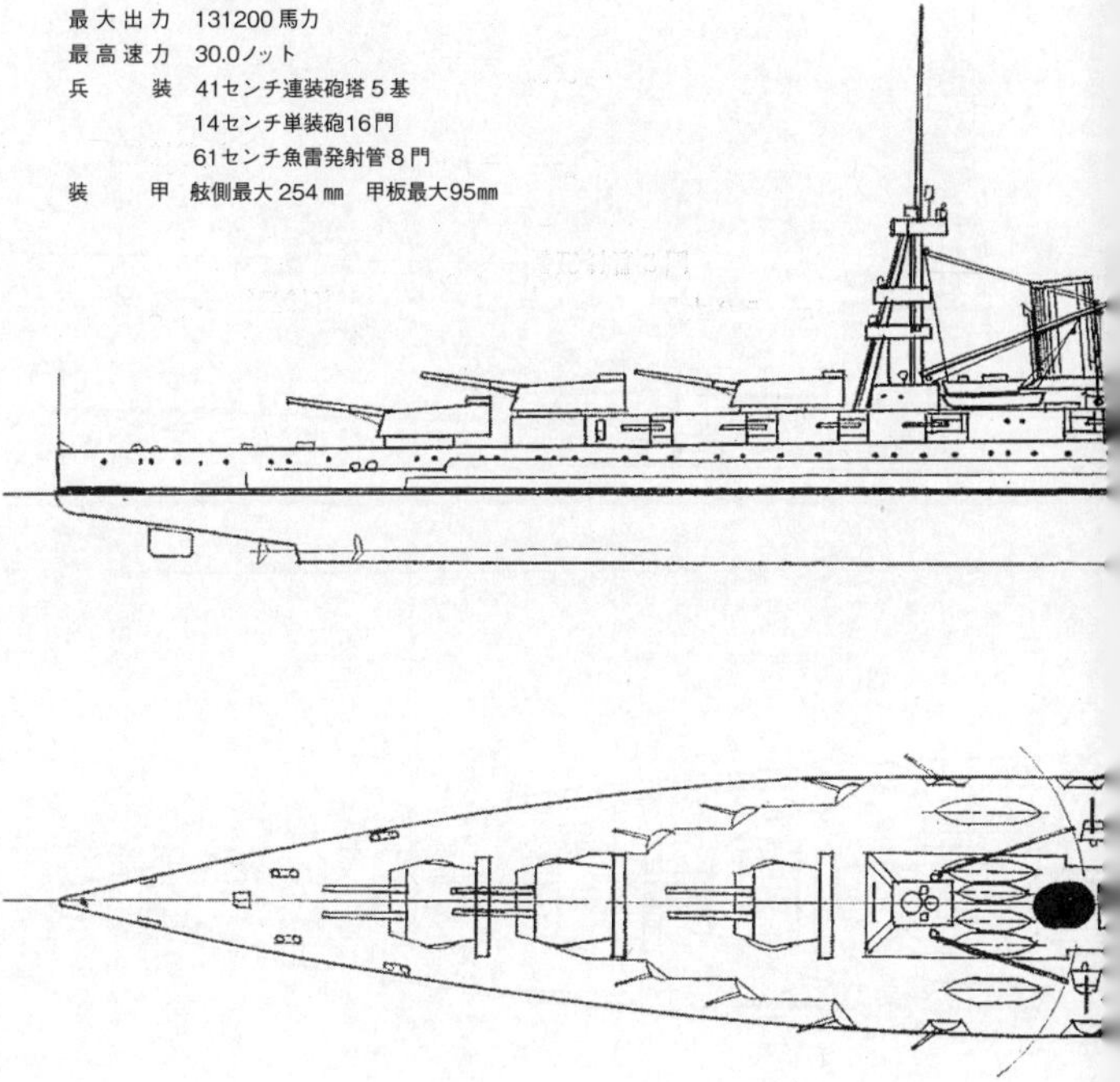

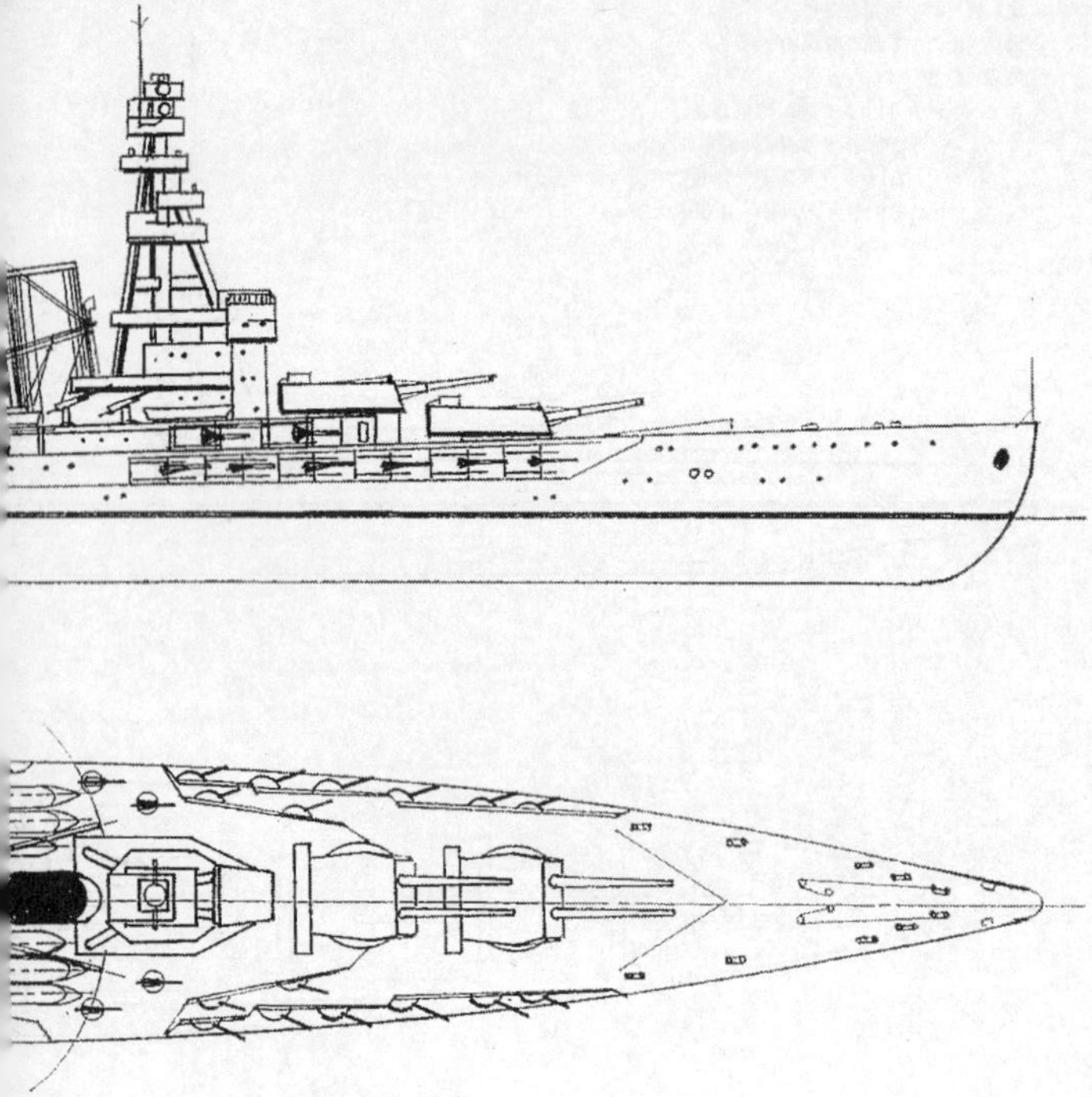

第12図　戦艦「加賀」級完成予想図

常備排水量　39900トン
全　　長　233.9m
全　　幅　30.5m
主 機 関　蒸気タービン
最大出力　91000馬力
最高速力　26.5ノット
兵　　装　41センチ連装砲塔5基
14センチ単装砲20門
61センチ魚雷発射管8門
装　　甲　舷側最大279㎜　甲板最大102㎜

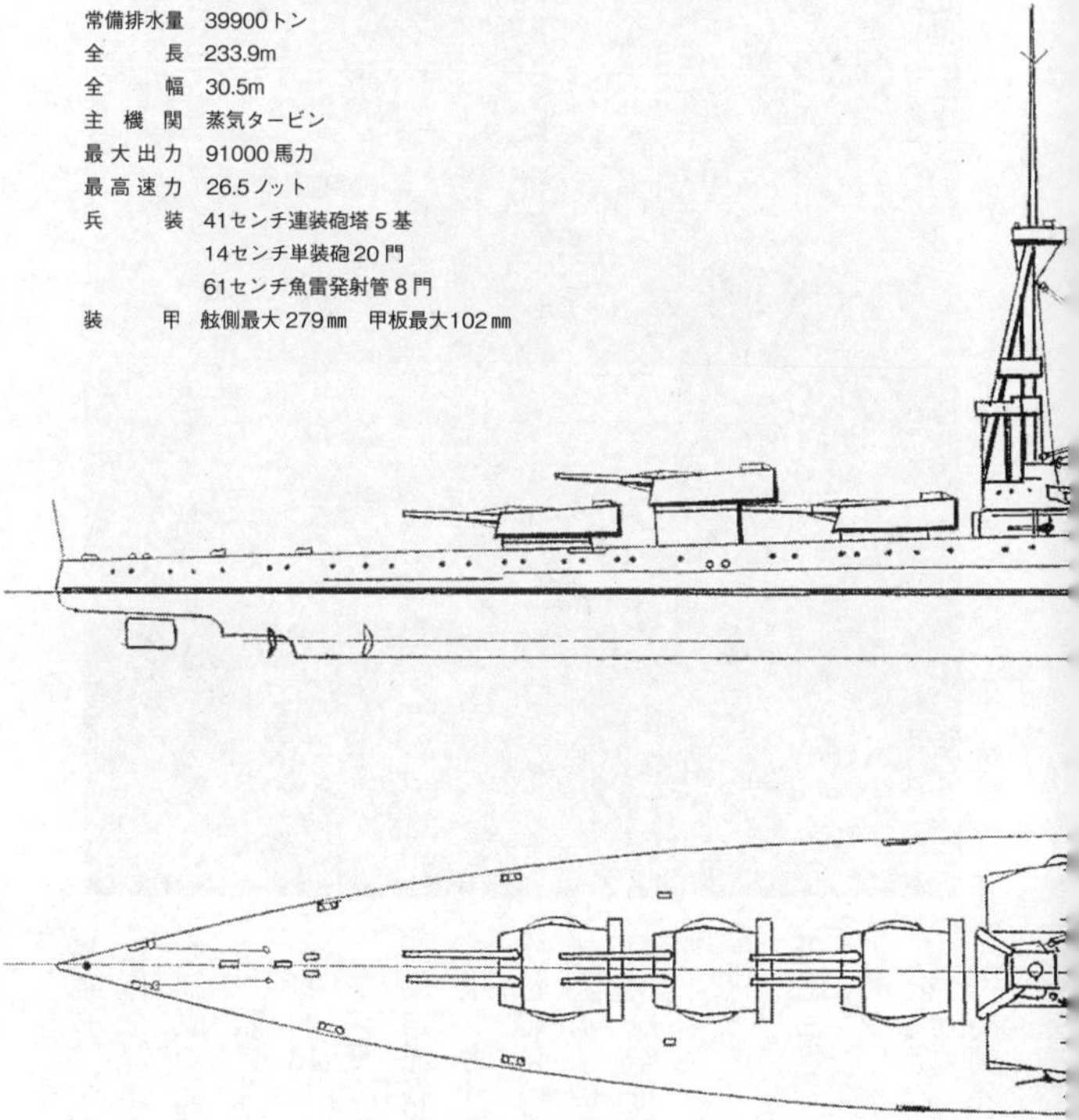

（上）空母レキシントン、（下）空母サラトガ

戦艦については、その船体を解体することなく制限の範囲の中で航空母艦に改造する計画を打ち出したのである。

アメリカは建造中の新鋭巡洋戦艦のレキシントンとサラトガを航空母艦に改造し、残る制限基準排水量の中で中型航空母艦二隻（ヨークタウン、エンタープライズ）と小型航空母艦二隻（レンジャー、ワスプ）を建造することを決定した。

一方日本海軍は建造

中の「天城」級巡洋戦艦二隻を、一艦あたりの最大制限基準排水量を活かし航空母艦に改造することとし、制限保有量の余剰分で二隻の中型航空母艦を建造する計画を打ち出したのであった。

しかしこの二隻の中型航空母艦の建造を計画中の一九三四年（昭和九年）十二月に、日本はワシントン海軍軍縮条約の破棄を通告、以後一九三六年（昭和十一年）十二月にワシントン海軍軍縮条約の締結内容自体も自動的に失効することになった。そして日本は一九三六年一月に開催された巡洋艦を含む補助艦艇に関する制限を検討するロンドン海軍軍縮条約も脱退することになった。

このために以後の世界の海軍は、アメリカと日本が中心となり建艦競争が再燃することになった。この中で日本海軍は制限のなくなった航空母艦について、二隻の中型航空母艦（蒼龍、飛龍）および二隻の大型航空母艦（翔鶴、瑞鶴）の建造に力を注ぐことになった。

八八艦隊計画

ワシントン海軍軍縮条約に関わる日本の建艦計画の中で必ず出てくる言葉に「八八艦隊計画」がある。

日露戦争後の日本海軍は、アメリカを仮想敵国とする国防方針を打ち出した。当時の環太平洋諸国の中で強大な海軍力を保有する国は、日本および日本と太平洋を挟んで対峙するア

（上）戦艦コロラド、（下）戦艦ウエスト・バージニア

メリカだけであった。

アメリカはハワイ諸島やグアム島、あるいはフィリピンにアメリカ海軍太平洋艦隊の拠点を持ち、日本が無視できないほどの海上戦力をこれらの地域に配置していた。

この状況は今後日本が太平洋から東南アジア方面に進出しようとした場合には、当然ながらアメリカ海軍の干渉、妨害を受けることを意味するものであり、日本としても相応の海軍戦力を保有する必要があった。

一九一九年頃の日本は第

（上）戦艦ネルソン、（下）戦艦ロドネー

一次世界大戦の戦争景気でまだ潤っている時代であり、日本海軍はこの好機により強大な海軍戦力の構築を図ろうと、大々的な増強計画を打ち出した。これが「八八艦隊計画」である。

「八八艦隊計画」とは艦齢八年未満の既存の戦艦および新造戦艦合計八隻、そして同じく巡洋戦艦八隻を根幹とする主力艦隊を整備する計画で、さらに重巡洋艦と軽巡洋艦多数と新鋭駆逐艦多数を建造し主力艦を援護するものである。

ここで注目すべきことは

廃艦となった「加賀」級戦艦「土佐」

この計画が立案された時点では航空母艦、つまり航空戦力の姿が海軍戦力の中に全く姿を現わしていないことで、まさに大艦巨砲主義の時代であったのである。この状況は一九一九年当時の航空機の発達状況を見れば当然すぎることなのである。

ここで注目すべき言葉は「巡洋戦艦」である。すでに（注）書きの中で記したが、ここで改めて巡洋戦艦について説明する必要がある。

巡洋戦艦とは戦艦と同等の砲戦力を持つが戦艦より高速を武器とする艦のことで、高速力を得るために戦艦よりも装甲を軽量化されているのが特徴で、第一次世界大戦ではイギリスとドイツ海軍の巡洋戦艦は海戦で重要な働きを示した。その結果、第一次世界大戦直後から巡洋戦艦に対する評価が高まり、各国海軍は巡洋戦艦の建造に力を入れだした。

巡洋戦艦の最大の特徴はその高速力にある。当時の世界の戦艦の最高速力は二十二～二十三ノットが平均で、早い艦でも二十五ノット止まりであった。これに対し巡洋戦艦の最高速力は三十〜三十一ノットの高速力を出す。戦艦と巡洋戦艦との速力差は六〜九ノットであるが、一時間に直せばその距離の差は十一〜十七キロメートルとなり、この速力の差（距離の差）は砲撃戦を有利に展開できる大きな要素であった。

日本海軍の八八艦隊の内訳は、戦艦戦力は既存の三十六センチ主砲八門搭載の「金剛」級戦艦四隻、四十センチ主砲八門搭載の「長門」級戦艦二隻、同じく四十センチ主砲十門搭載の「加賀」級戦艦二隻の合計八隻であるが、「加賀」級二隻は建造中であった。

一方巡洋戦艦は全て新規建造計画の艦で、四十センチ主砲十門搭載の「天城」級巡洋戦艦四隻と、同じく四十センチ主砲十門搭載の「紀伊」級巡洋戦艦四隻の合計八隻であった。この中でワシントン海軍軍縮条約開始当時建造中の艦は、「加賀」級戦艦二隻と「天城」級巡洋戦艦二隻で、その他は建造準備中であった。その結果、条約の締結事項に従い建造中の「天城」級巡洋戦艦二隻と「加賀」級戦艦二隻は建造中止となり廃棄処分の対象となった。

第3章　航空母艦「赤城」と「加賀」の誕生

なぜ「赤城」と「加賀」なのか

日本海軍はワシントン海軍軍縮条約の中に新たに設けられた航空母艦の建造計画に対し、その付帯条件に則り建造途中で廃棄処分と決まった「天城」級巡洋戦艦二隻を航空母艦に転用することを決定した。アメリカもまったく同じで、廃棄処分と決まった建造途中の巡洋戦艦二隻（レキシントンとサラトガ）を航空母艦に転用することに決めた。

しかし建造途中の巡洋戦艦の巨大な船体を航空母艦に転用するために改造することは容易な作業ではない。日本海軍のそれまでの正規航空母艦の建造の経験は基準排水量が一万トンにも満たない「鳳翔」一隻だけである。日本の当時の造船技術者にとってはあまりにも大きな課題を与えられたことになったのである。

一九二三年の時点で大型航空母艦の改造を含む建造の経験を持つ国は、フユーリアス級航空母艦を完成させたイギリス海軍だけである。もちろんイギリス海軍もイーグルやアーガスあるいはハーミーズなどの小型航空母艦の改造や新造の経験はあるとはいえ、大型航空母艦を完成させる経験は皆無であった。それだけに大型巡洋艦をフユーリアス級航空母艦に改造するにはいくつもの試行錯誤があった。日本海軍としてはその試行錯誤を含めて盟友のイギリス海軍から多くを学ぶ気構えであった。

「天城」級巡洋戦艦を航空母艦改造の種艦に選んだ理由はひとえにその高速力であった。「天城」級巡洋戦艦の計画最高速力は三十一ノットであり、「加賀」級戦艦の計画最高速力は二十六・五ノットと「天城」級に比べ遅かった。

航空母艦にとって速力が早いことは飛行機を飛ばす際にそれだけ強い向かい風を受けることが可能で、大型機を含め飛行機の離艦能力が増すことになるのである。「加賀」級戦艦の最高速力の差はわずかに四・五ノットであるが、海上が無風状態での向かい風の差は秒速で二・三メートル増すことになり、飛行機の離艦に対しては絶対的な強みとなるのである。

また「天城」級巡洋戦艦の全長は二百六十一・二メートルあり、「加賀」級戦艦の全長二百三十八・五メートルに比べ二十三メートルも長い。航空母艦の必要条件として艦の速力が早いことと以外に、もう一つの重要な条件は少しでも長い飛行甲板を設けるために、船体の全長が長いことである。この二十三メートルの全長の短さは、速力が遅いこととともに「加賀」級戦艦が航空母艦の種艦として選ばれなかった欠点でもあったわけである。

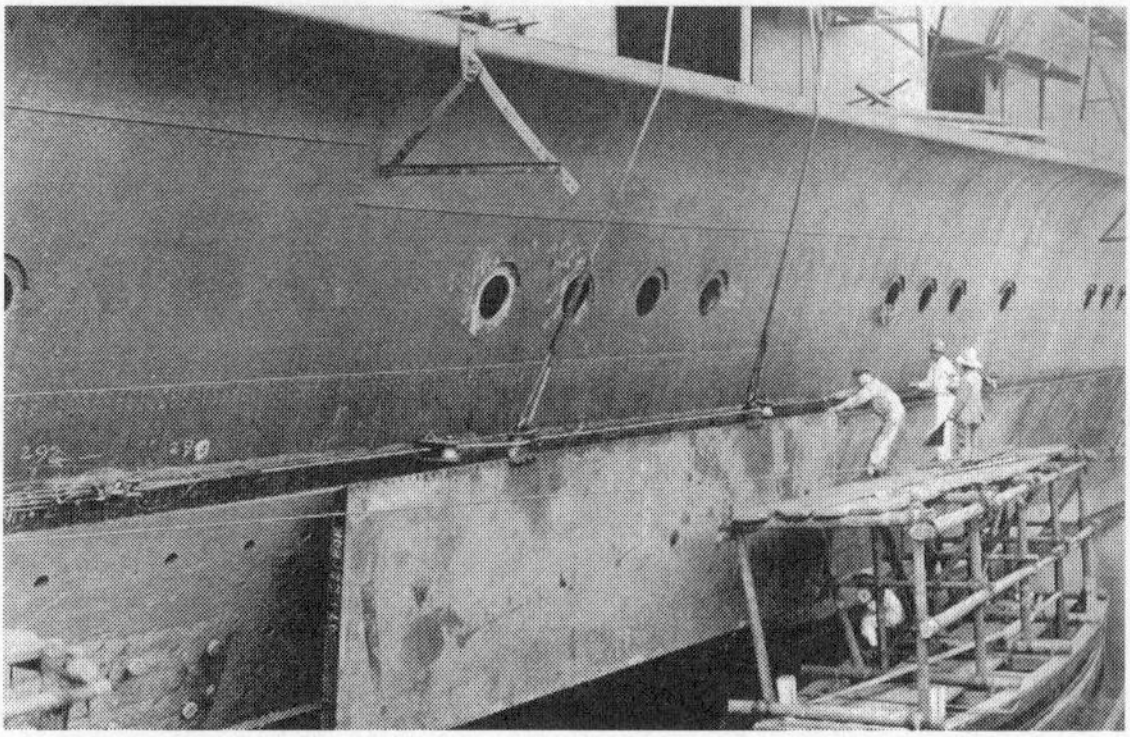

大正14年、「赤城」の舷側甲鈑取り付け作業

　巡洋戦艦「天城」級は一番艦が「天城」で二番艦が「赤城」であった。両艦は一九二〇年（大正九年）十二月に横須賀海軍工廠と呉海軍工廠で起工された。そして両艦の航空母艦への改造が決まった時には、両艦ともに最下甲板である吃水線上にある防御甲板までの工事がほぼ完了していた。

　しかし戦艦より装甲が薄いとはいえ、装甲の強固な巡洋戦艦を航空母艦に改造するためには、すでに完成した部分に対しても様々な改造を施さなければならない。

　例えば航空母艦として不要な舷側の装甲を外すだけでも排水量が大幅に減ることになり、吃水が浅くなる。そのために舷側の鋼鈑の重量加減や船体水面下両舷のバルジの形状を改めること、あるいは舷側やバルジの素材を改める必要があり、「天城」も「赤城」も装甲甲板の位置までの船体に対して、改めて多くの複雑な作業を実行しなければならなかったのである。つまり船体の手直し工事から始めなければならなかった。

そしてこの複雑な手直し工事の後に、装甲甲板を基盤にしていよいよ航空母艦としての船体を構築する工事が開始されることになるのである。

格納庫を構築しその上に飛行甲板を構築するためにも、格納庫をどのような規模と形状で配置するべきか、缶室から排出される排煙のための煙路をどのように配置すべきか、機体の修理工場の配置や爆弾や魚雷あるいは高角砲の砲弾などの貯蔵庫はどこに配置するか、航空機用の燃料庫はどこに配置すべきか、乗組員の居住区域の配置等々、小型航空母艦「鳳翔」とは比べものにならない複雑な設計が強いられることになるのである。そしてその上に設けられる飛行甲板の形状や構造はどうすべきか。様々な試行錯誤の中で「天城」と「赤城」の航空母艦への改造は進められていた。

「天城」も「赤城」も様々な困難の中でそれでも着実に航空母艦へとほぼ同時の工程で工事は進捗していた。そして両艦の工事が上甲板付近に達した一九二三年（大正十二年）九月一日、関東大震災が発生した。

この地震の激しい振動は横須賀海軍工廠に大きな被害をもたらした。現在試算されている最新のこの地震による横須賀方面の震度は最大級の7と推定されている。

「天城」を建造中の船台は大きく破壊され、それにともない建造中の「天城」の船底の竜骨に甚大な損傷を与えたのである。これにより「天城」の以後の建造作業は不可能となり「天

大正10年11月、戦艦「加賀」の進水式

城」はその場で解体されることに決定した。

この事態に海軍は「天城」の代替船体として、川崎重工業神戸造船所で完成後に廃艦が決まり、解体のために係留されていた戦艦「加賀」を使用することに決めた。そしてこの旨をワシントン海軍軍縮条約参加各国に連絡し了承を得ることになり、直ちに「加賀」を航空母艦に改造する工事を開始することになり、「加賀」は改造工事のために横須賀海軍工廠に曳航された。

しかし戦艦として建造された「加賀」を航空母艦に改造することは、巡洋戦艦を航空母艦に改造する以上に多くの問題を解決しなければならなかった。

その中でも最大の問題は全長の短いことへの対策、また速力の遅いことに対する対策であった。

船体の長さを延長することは、艦尾など限定的な部分の多少の延長は可能であっても、艦首や中央部を延長することなどは当時の技術としては至難であった。

また機関を強化するにもすでに機関室として整備され

大正14年、ドック内で浮揚した「赤城」

据え付けが終わっている機関やボイラーに、さらに新たな機関やボイラーを追加配置することはまったく不可能なことなのである。

結局可能な限りの増速の対策を講じ、不利をしのんで戦艦を航空母艦に改造するしかなかった。

「加賀」の改造工事は「赤城」に準じて行なわれたが、「赤城」と同様にあるいはそれ以上に困難な改造工事を強いられることになったのである。

航空母艦「赤城」は改造工事開始以来ほぼ四年五ヵ月後の一九二七年（昭和二年）三月に完成した。また「加賀」は改造工事開始以来五年三ヵ月後の一九二八年（昭和三年）三月に完成した。

当初航空母艦「天城」と「赤城」で改造工事がはじまったにもかかわらず、完成時点で艦名が変わったのは、大地震の発生という稀有の不可抗力があったために航空母艦に改造するべき種船が変更されたためであった。

昭和2年夏から3年夏、横須賀工廠で空母への改造中の「加賀」。中写真の艦尾は戦艦の姿をまだとどめている

竣工間もない「赤城」、着艦時の全力航走中

日本海軍最初の大型航空母艦は、改造工事の最中に起きた不測の事態を経ながらようやく完成したが、両航空母艦ともにその外観は極めて特徴ある姿をしていた。その特異な姿とは当時航空母艦の改造と建造を進めていた他の国々も、初期の航空母艦だからこそ抱え込んでいた問題を代弁するような姿であったのだ。

多段式飛行甲板型航空母艦の誕生とその功罪

「赤城」は一九二七年（昭和二年）三月二十五日に呉海軍工廠で竣工した。完成時の「赤城」の規模は基準排水量二万六千九百トンで、巡洋戦艦として完成時の「赤城」の計画基準排水量四万一千二百トンに比較すると、各種装甲や主砲および副砲、上部構造物の減少により一万四千トンも減少している。しかしこの重量減少のために最高速力は同一の機関（タービン機関八基、最大出力十三万一千二百馬力）と同一の四軸推進でありながらも、最高速力において一・一ノット早い

昭和8年夏、パラオ諸島付近を行く「加賀」

三十二・一ノットを出すことに成功した。

飛行機の搭載数は艦上戦闘機、艦上攻撃機、艦上偵察機など常用四十八機、補用十二機の六十機であった。

二番艦「加賀」は一九二八年（昭和三年）三月三十一日に竣工した。「赤城」も「加賀」も外観は酷似した三段式飛行甲板を持つ航空母艦として完成した。

「加賀」の航空母艦として完成した時の基準排水量は二万六千九百トンで、戦艦「加賀」として完成した時の計画基準排水量の三万九千九百七十九トンに対し、一万三千トン以上も軽量化したことになった。

この場合も「赤城」と同じく重量が軽減しただけ、同じ機関と同じ推進器を使った最高速力は二十七・五ノットを記録し、戦艦として完成した時の予定最高速力よりも一ノット増速することになった。

「赤城」と「加賀」の出現当初の際立った特徴は、三段式飛行甲板型航空母艦と二十センチ主砲を十門搭載という重装備であったことである。

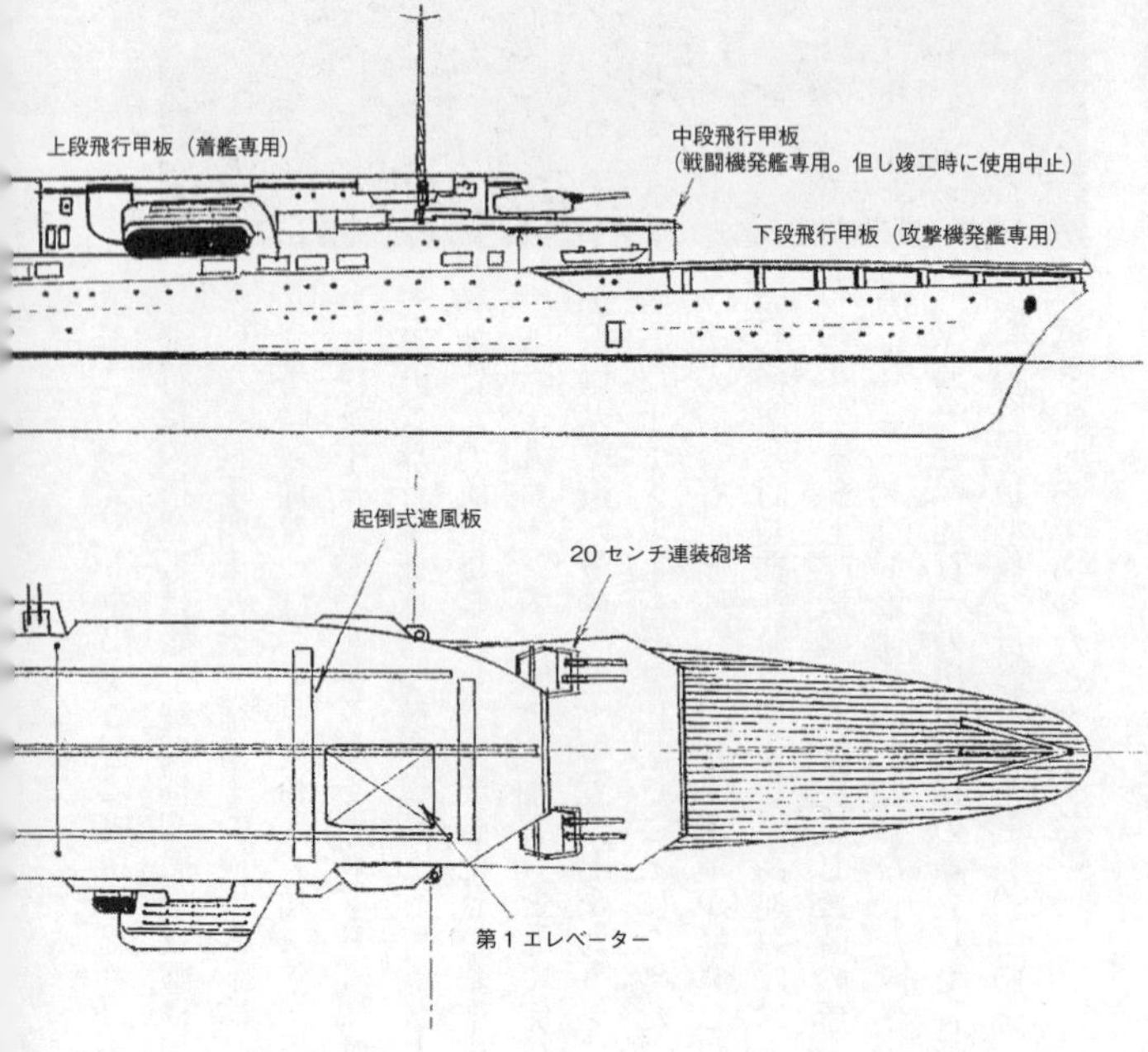

上段飛行甲板（着艦専用）
中段飛行甲板
（戦闘機発艦専用。但し竣工時に使用中止）
下段飛行甲板（攻撃機発艦専用）
起倒式遮風板
20センチ連装砲塔
第1エレベーター

第13図　多段式飛行甲板航空母艦「赤城」

基準排水量	26900トン
全　　長	249.0m
全　　幅	29.0m
主　機　関	蒸気タービン
最大出力	131200馬力
最高速力	32.1ノット
兵　　装	20センチ砲10門
	12センチ高角砲12門
搭　載　機	60機（内補用機12機）

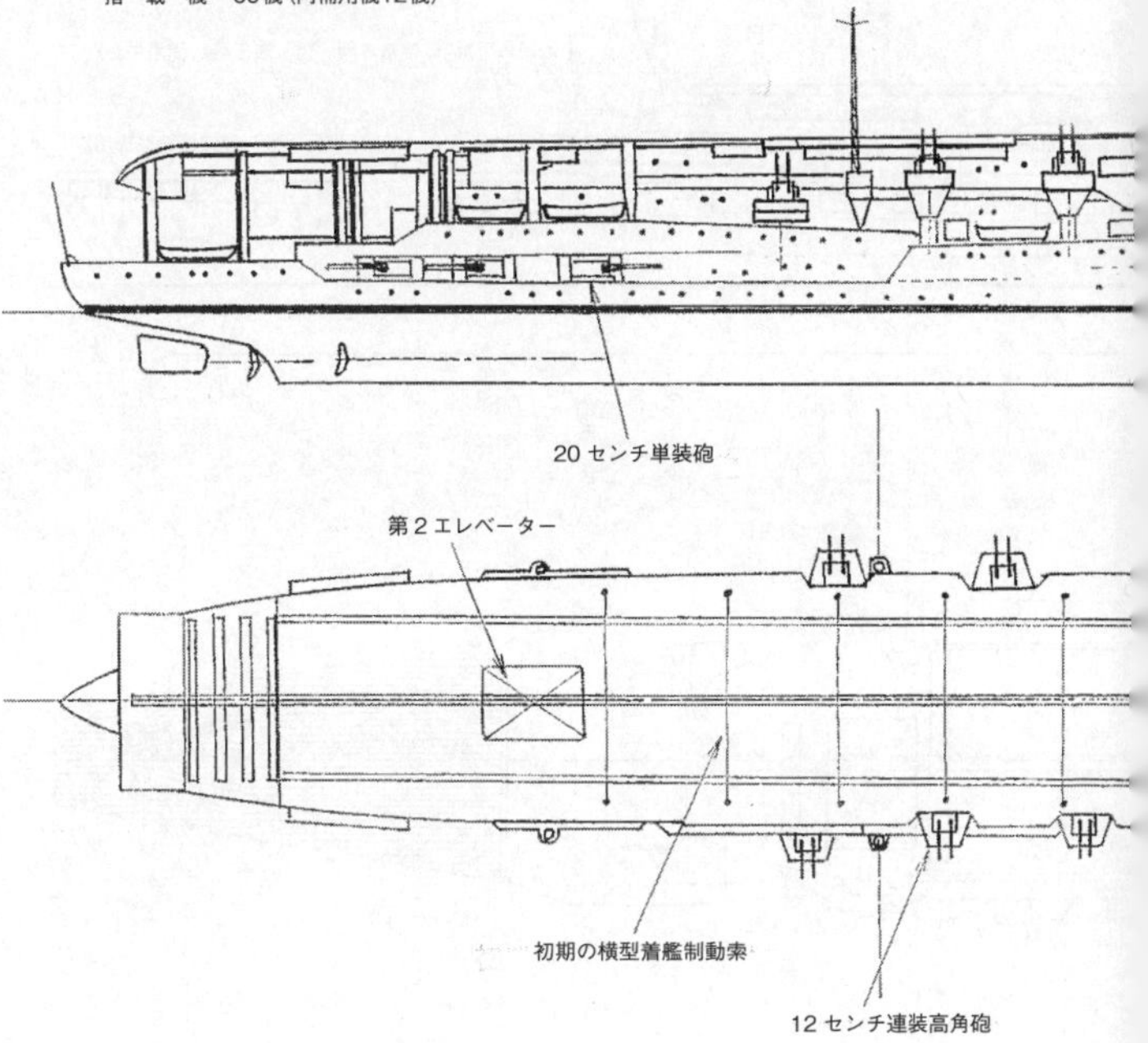

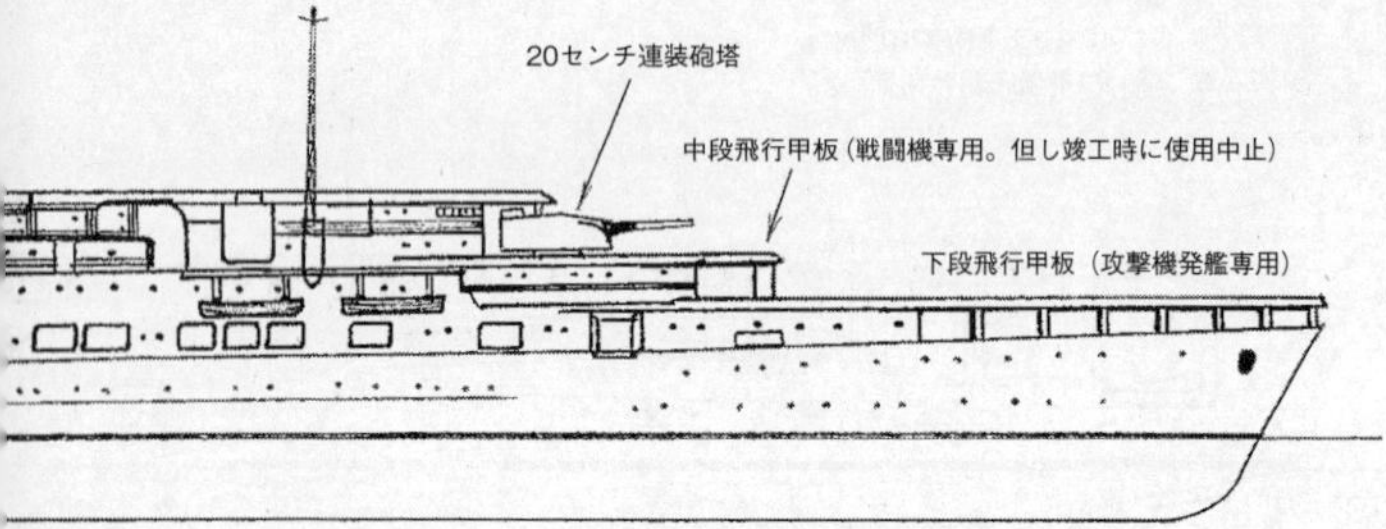
20センチ連装砲塔
中段飛行甲板（戦闘機専用。但し竣工時に使用中止）
下段飛行甲板（攻撃機発艦専用）

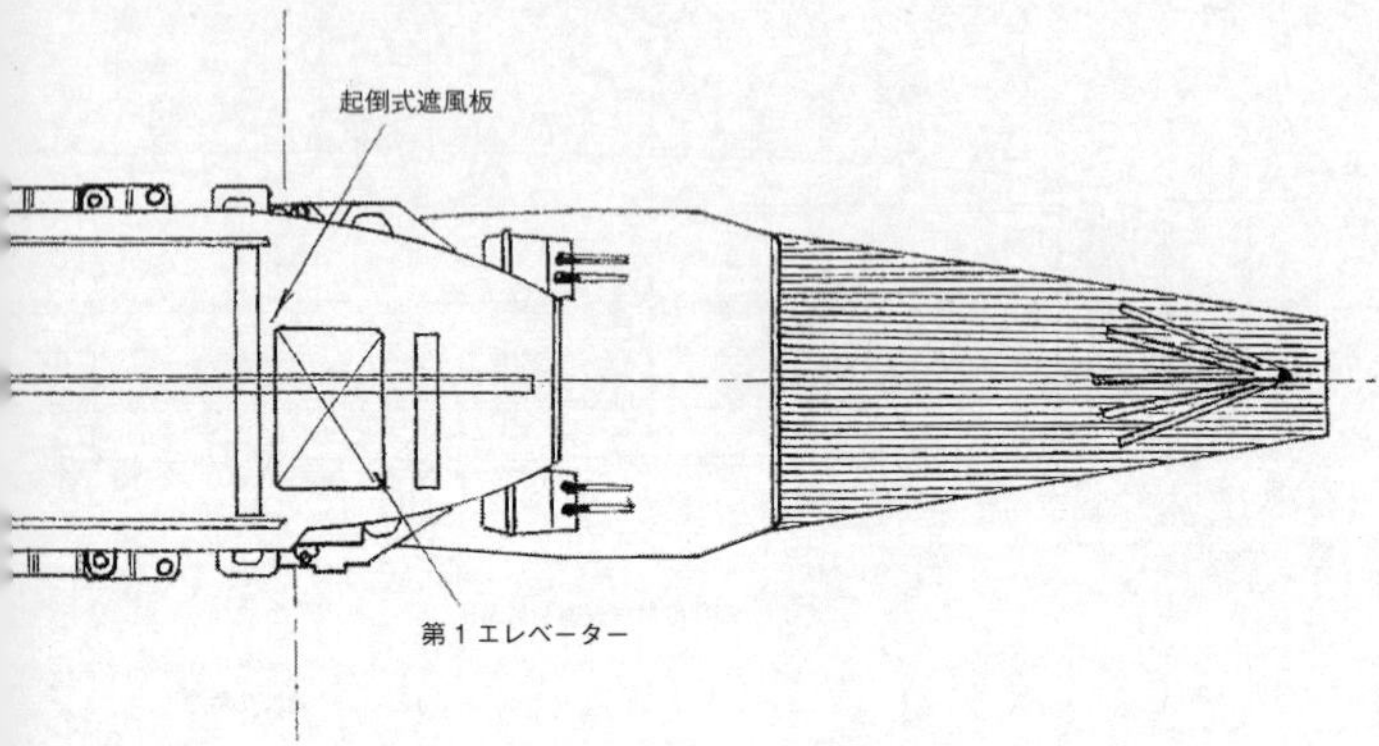
起倒式遮風板
第１エレベーター

第14図　多段式飛行甲板航空母艦「加賀」

基準排水量　26900トン
垂線間長　230.0m
全　　幅　29.6m
主 機 関　蒸気タービン
最大出力　91000馬力
最高速力　27.5ノット
兵　　装　20センチ砲10門
　　　　　12センチ高角砲12門
搭 載 機　60機(内補用機12機)

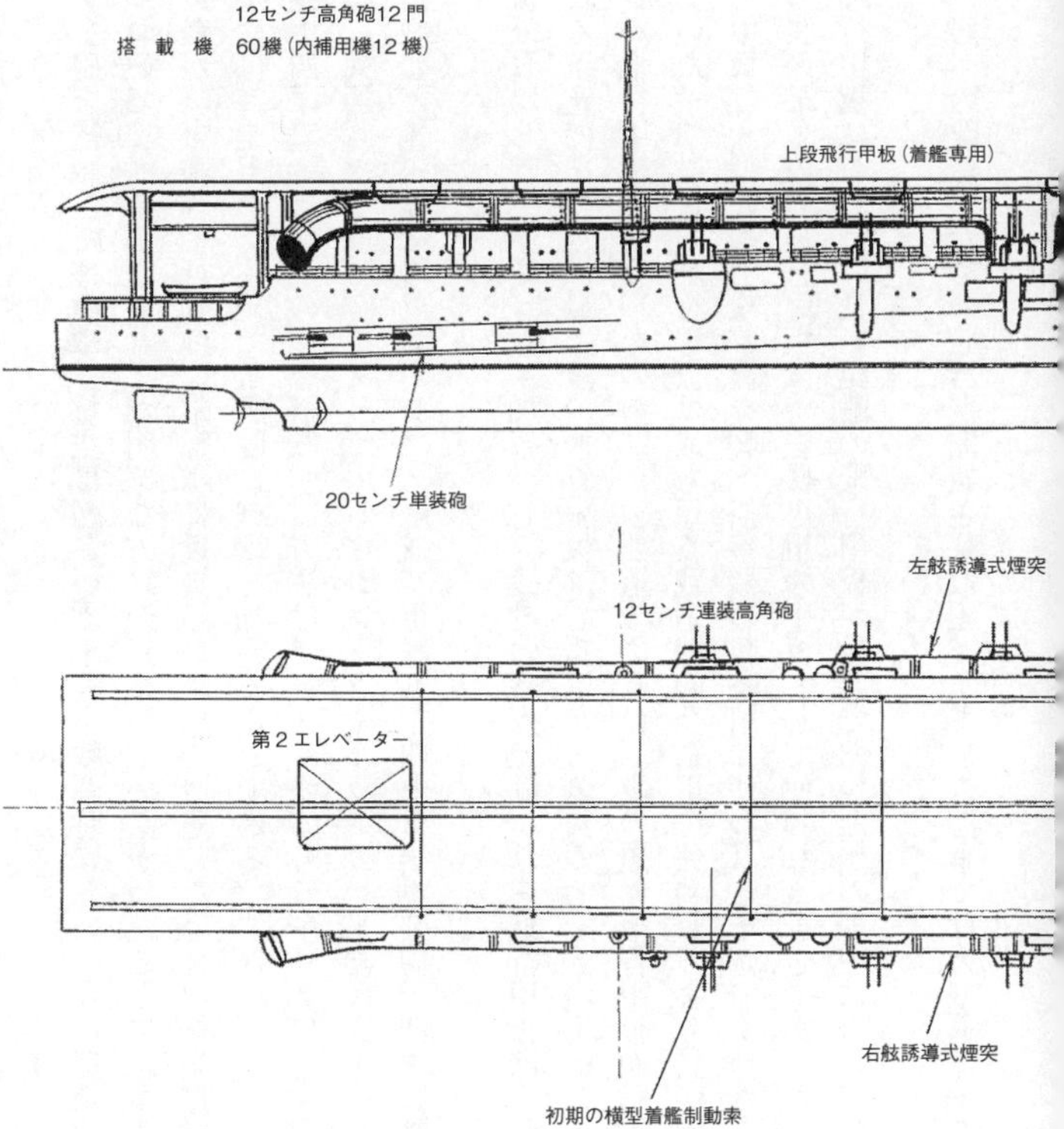

この二十センチ主砲を搭載した理由は、航空母艦という軍艦を戦闘時にどのように運用するかということについて、海軍部内でもまだ明確な方針が定まっていなかったことに尽きるのである。航空母艦が味方艦隊と行動中に敵艦隊に近接した距離で遭遇した場合、航空母艦側ができる防衛手段は二十センチ主砲で敵艦隊に砲撃を加えることである。

航空母艦に口径十四〜二十センチの砲を搭載する方法は、アメリカでもイギリスでも大型の初期の航空母艦に共通した手段で、アメリカのレキシントンやサラトガも当初は二十センチ連装砲を四基搭載し、イギリスのフユーリアス級航空母艦も十四センチ単装砲十門を装備していた。

三段式飛行甲板で登場した「赤城」も「加賀」も、設計の時点ではこれら飛行甲板はそれぞれ使い分けられる予定であった。最上段の飛行甲板は、艦尾から全長の七十五パーセントの位置に達する長い飛行甲板であり、その前端から雛壇のように二段の短い飛行甲板が艦首に向かって伸びていた。二段目の飛行甲板は最も短く戦闘機の発艦用に使われ、より長い距離の三段目の飛行甲板は大型の艦上攻撃機や艦上偵察機の発艦用に使われる予定であった。そして最も距離の長い最上段の飛行甲板は着艦機専用の甲板として使われる予定であった。

なぜ着艦用の飛行甲板にこれだけ長い距離の飛行甲板が必要であったかの理由については後述する。

「赤城」の航空母艦への改造のための設計が開始された頃、イギリス海軍では大型巡洋艦を

昭和5年、横須賀港の「赤城」と戦艦「長門」

改造した航空母艦フユーリアスが完成していた。フユーリアスの飛行甲板は二段式で、最上段の飛行甲板が最も長く着艦専用の甲板として設計されていた。そして二段目の艦首飛行甲板は艦上戦闘機や艦上攻撃機の発艦専用の飛行甲板として使う予定であった。

日本海軍はイギリスからフユーリアスの情報を得て、「赤城」の改造設計の参考にしたのであったが、フユーリアスに比較し「赤城」がより大型であったために、航空母艦戦闘能力を高めるために三段式飛行甲板の案が実用化されたものと思われる。

それではなぜ飛行甲板を多段式にする必要があったのか。それには明確な理由があったのである。

その一つが素早い航空作戦が展開できるように、搭載機の着艦作業と発艦作業を別々にして同時に行なおうとする考えがあったことである。つまり三段式飛行甲板の二段目と三段目の飛行甲板の後方はそのまま格納庫となっており、格納庫で整備され出撃

「赤城」三段目飛行甲板から発艦する一〇艦戦

準備された戦闘機や攻撃機は格納庫内を滑走しそのまま艦首の飛行甲板から発艦するという、極めて合理的な考えがあったためである。つまり発艦作業は着艦作業に何らじゃまされずに行なえる、ということでより効率的な航空作戦が展開できることになるのである。

多段式飛行甲板が考えられたもう一つの理由は、当時の航空母艦では着艦する飛行機を確実にしかもごく短い距離で停止させる手法が開発されていなかったことである。

一九二七年当時の着艦機の制動方法は縦索式着艦制動装置しかなかった。この制動装置は後に開発された横索式着艦制動装置と比較すると、飛行機の停止までの距離が長くしかもその距離が一定していなかった。また同装置は飛行機が転覆したり回転したり飛行甲板から転落する可能性も高く、極めて不安定な着艦制動方式で、このためにも着艦機用の飛行

「加賀」に着艦する八九式艦攻

甲板は長い距離を必要としたのであった。そのために最上飛行甲板は着艦機専用に使われるようになっていたのであった。

一方一九二七年当時の艦上機は、戦闘機も攻撃機も木金骨組みに羽布張りという軽量構造であり、離艦するには秒速十メートル以上の向かい風があれば短い滑走で容易に離艦が可能であったのだ。例えば航空母艦「赤城」の最高速力三十二・一ノットを考えれば、海上が無風の状態でも発艦のために全速力で走れば秒速十六・五メートルの向かい風を受けることになり、艦上戦闘機であれば格納庫内出口近辺での助走を加えれば、距離十五メートルの二段目飛行甲板からでも離艦が可能であったのだ。また魚雷を搭載した艦上攻撃機でも格納庫の出口付近で助走をしていれば、長さ五十六・七メートルの飛行甲板からの離艦は十分に可能と判断されていたのである。事実、発艦テストでは全備重量状態の一三式艦上攻撃機は三段目飛行甲板から離艦が可能であることを証明している。

当時の艦上機の機体重量は一〇式艦上戦闘機で全備重量状態でも一・二八トンという、現在の小型乗用車並みの重量で、同じく一三式艦上攻撃機も全備重量は二・九トンにしかならず、後の零式艦上戦闘機（二・四トン）や九七式艦上攻撃機（三・八トン）の重量よりも格段に軽量であった。

しかし理想と現実は必ずしも一致しなかった。まず二段目の戦闘機発艦用の飛行甲板は竣工を前にして使用中止となった。

二段目の飛行甲板の両側には当初より二十センチ連装砲塔の搭載が決まっていた。この砲塔の間の距離は十二・五メートルで、全幅八・五メートルの小型の一〇式艦上戦闘機であればこの間をすり抜けて発艦は可能と判断されていたが、これはあくまでも飛行機の操縦を知らない船体設計者の発想で、飛行機の操縦者の側から見ればこれは極めて無謀な発想なのである。飛行機はわずかの離艦滑走の間でも機体は容易に左右に振れるものであり、滑走中にどちらかの砲塔の側面に主翼をぶつける危険性は極めて高かったのである。

次に完成後の試験航行に際し、二段目飛行甲板の正面から受ける風が砲塔の両側に逃げること、さらに格納庫出口付近では乱流を発生することが判明し、飛行機の発艦には二段目飛行甲板を使うことは極めて危険と判断されたのであった。

このために二段目飛行甲板の使用は断念され三段目飛行甲板のみが発艦用飛行甲板として使われることになったのである。しかし一三式艦上攻撃機の後継機として開発され正式に採用が決まった八九式艦上攻撃機は、全備重量が三・六トンに達し三段目飛行甲板からの発艦は不可能と判断された。結局一九三〇年（昭和五年）には三段目飛行甲板の使用も中止され、多段式飛行甲板は中途半端のまま一段式飛行甲板に改造されるまで、「赤城」(「加賀」も含む) は特異な姿の航空母艦として存在することになったのである。

なお二段目飛行甲板の使用中止にともない、二段目飛行甲板に続く格納庫の前面は閉鎖され、その場所に羅針艦橋が配置されることになった。

結局「赤城」も「加賀」も運用の初期から多段式飛行甲板の使用は消え去り、一時期だけ下段飛行甲板は使われたものの、最上段の飛行甲板のみで発着艦が行なわれるようになった。そしてこの方式を可能にしたものに新たに開発された横索式着艦制動装置の導入があった。

着艦機を短距離で制動するための横索式着艦制動装置がヨーロッパから導入されると、日本の萱場製作所がより実用的な萱場式横索式着艦制動装置を一九三一年(昭和六年)に開発し、海軍はこの装置を導入し着艦機を短距離で着艦制動させることに成功すると、この装置を採用した「赤城」や「加賀」は最上段飛行甲板を発着艦両用に使うことに成功した。

この画期的な着艦制動装置の導入は、直後から始まった両空母の一段飛行甲板化への大改造の一つのきっかけを作ることにもつながったのであった。

構造と配置に関わる様々な試行錯誤

航空母艦「赤城」も「加賀」も参考になるべき十分に発達を遂げた航空母艦もないままに、不完全な姿の大型航空母艦や未熟な構造や姿の小型航空母艦を手本の一つとして、なかば手

煙突を倒した状態の「鳳翔」

探り状態で設計された航空母艦であった。そのために航空母艦としての様々な必要な装置や構造、設備においても、いくつもの特異なものが準備され配置されていた。次にその主なものについて紹介したい。

㋑、排煙の処理方法と設備

両航空母艦の建造に際し大きな対策課題となったものの一つに、主機関の多数のボイラーから排出される排煙の処理方法があった。すでに完成していた日本最初の小型航空母艦「鳳翔」では、最大出力合計三万馬力を出す二基のタービン機関用のボイラーの数も少なく、排煙量も決して多くはない。そのために排煙処理も簡単で合計八基のボイラーから排出される排煙の煙路は艦の右舷中央に集められ、それらを三本の煙突で排出する方式が採用されていた。

一方「赤城」では合計十三万一千馬力を出す合計八基のタービン機関を動かすために、合計十九基のボイラーが用意された。十九基のボイラーから排出される排煙の量は大量で、各ボイラーからの煙路は最終的には六本の煙路にまとめられて右舷舷側中央部に集めら

公試運転中の「赤城」（上）と「加賀」（下）。両艦の煙突の違いがよく分かる

れた。そしてこの六本の煙路は一本の巨大な煙突から排出されるようになっていた。

しかしこの六本の煙路から排出される排煙をたとえ舷側で行なうにせよ、高速航行の艦からの大量の排煙は艦尾方向に不安定な気流を生じさせる原因にもなりかねず、これは飛行甲板後方では着艦する飛行機に気流の乱れから不測の事態を起こさせる原因にもなりかねないのだ。このために「鳳翔」では三本の煙突を起倒式とし、普段の航行時

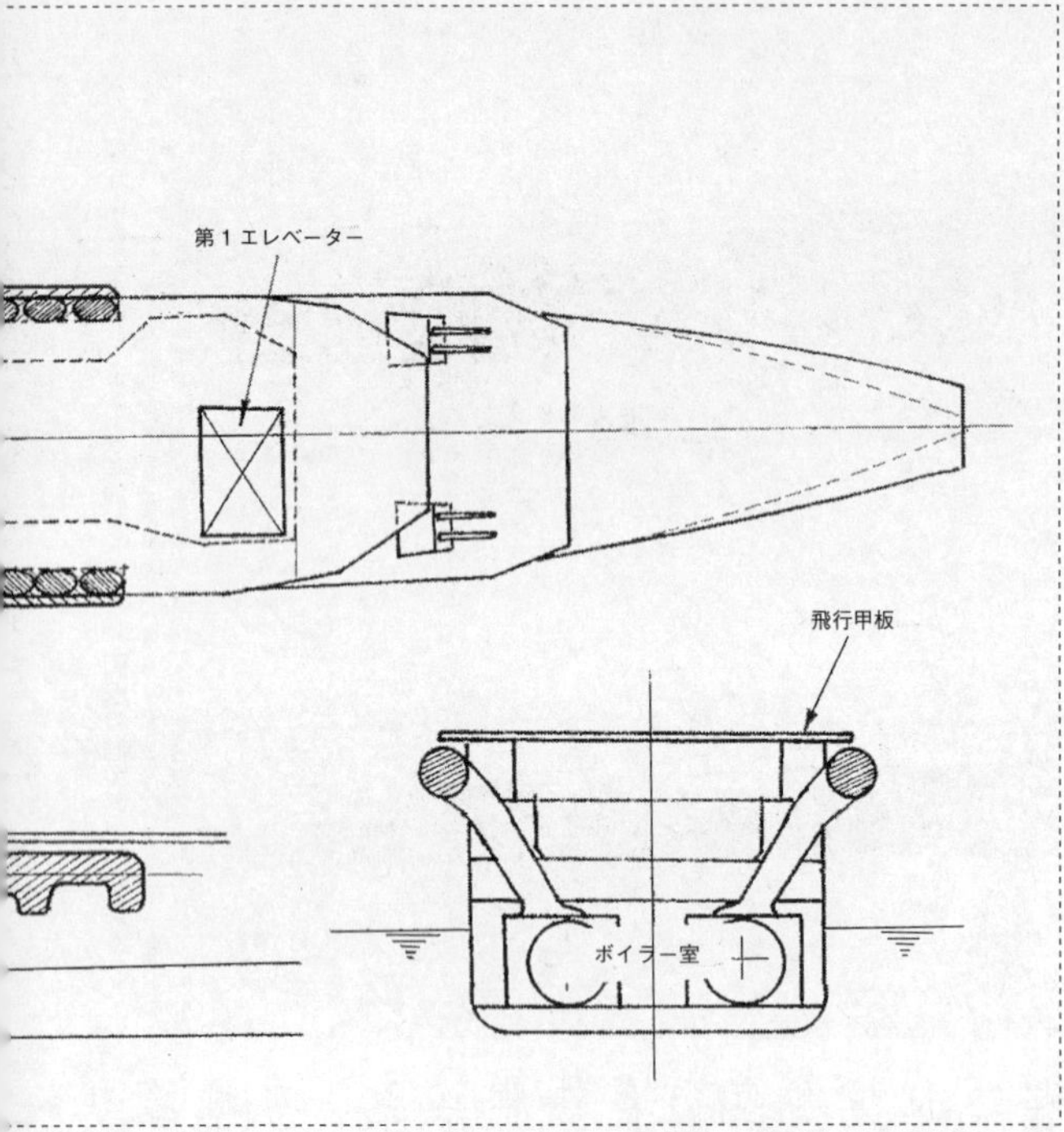

搭載機数	飛行甲板	備　砲	造船所
48＋12	190.2×30.2m（上段）	20cm×10、12cm高×12	呉工廠（2年3月25日）
66＋25	249.2×30.5m	20cm×6、12cm高×12	佐世保工廠（13年９月）
48＋12	171.2×30.5m（上段）	20cm×10、12cm高×10	神戸川崎・横須賀工廠（3年3月31日）
72＋24	248.6×30.5m	20cm×10、12.7cm高×16	佐世保工廠（10年10月）

第15図　多段式飛行甲板航空母艦「加賀」の誘導式煙突配置図

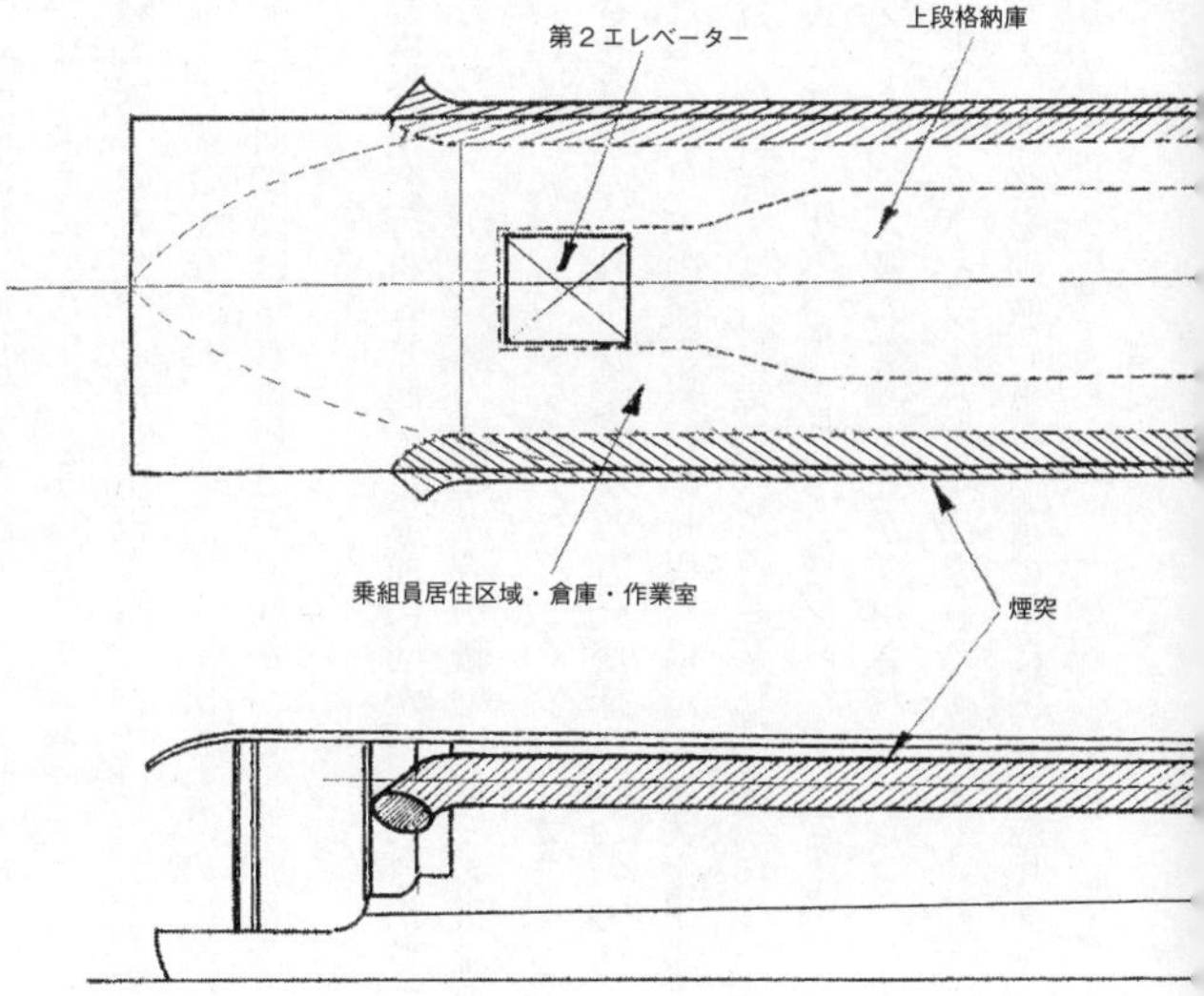

航空母艦「赤城」「加賀」要目一覧

艦　　名	基準排水量	公試排水量	全長	全幅	馬力	速力
赤城(新造時)	26900トン	34364トン	249.00m	29.00m	131200	32.1ノット
赤城(改装後)	36500トン	41300トン	250.36m	31.32m	133000	32.1ノット
加賀(新造時)	26900トン	33693トン	230.00m	29.60m	91000	27.5ノット
加賀(改装後)	38200トン	42541トン	240.30m	32.50m	127400	28.3ノット

には煙突を直立姿勢にし、飛行機が着艦するときには横に九十度倒し、少しでも排煙が艦尾の気流を乱さないようにする工夫が凝らされていた。

しかし実際にはこの方式でも飛行甲板末端付近では気流が乱れ、重量の軽い当時の艦上機が着艦するには不都合となった。この問題を解決するために煙突は横向きの固定式とし、しかもその先端は海面に向けられ排煙は海に向かって行なわれる方式が採られた。この方式は成功した。

「赤城」でも集合煙突を右舷舷側から海面に向かって突き出さす方法が採用された。結果的には成功であった。しかも高熱の排煙ガスが艦尾付近での気流を乱さないために、着艦作業が進められている時には、煙突の先端で多数のダクトから海水を霧状に噴霧し、排煙ガスの温度を低下させ気流の流れを安定させる方式が採られたのであった。この方式は成功し、以後建造された多くの日本の航空母艦の特異な構造の煙突を出現させたのであった。

一方「加賀」の排煙方法は「赤城」とは全く違った方式が採用された。「加賀」に採用された排煙方式には、「赤城」や「加賀」の設計の一つの手本になっていたイギリスの大型改造航空母艦フユーリアス級の排煙方式が採用された。

この方式は十二基のボイラーから排出される排煙を、片舷六基のボイラーごとに一本の煙路にまとめ、太い煙路を両舷の飛行甲板の下に沿って艦尾まで誘導し、艦尾付近で斜め下向きに排煙する方式であった。

この方式を採用したのは「赤城」の集合排煙方式との比較の意味もあった。この艦尾までの煙路誘導方式は、艦尾付近で下向きに高温の排ガスを排出することにより、飛行甲板の艦尾末端付近での気流の乱れが少なくなることが予想された。

確かにこの方式では艦尾付近での気流の乱れは減少し着艦する飛行機への影響も減少することにはなったが、大きな問題が発生したのである。

それは艦尾に向けて煙路が配置された舷側周辺では、艦内の温度が上昇し居住性を著しく損なうという結果を招いたことであった。排ガス温度は五百度以上もあり煙路に近接する乗組員居住区域や倉庫や作業場など、一様に室内温度は冬場でも四十度以上の高温となり、焦熱地獄を形成することになったのである。この居住性の劣悪化は「加賀」が就役して以来続いた問題で、少しでも早くこの事態を解決する必要に迫られたのであった。そして「加賀」の改造は「赤城」に先立って開始されることになったが、この際に多段式飛行甲板の一段化も行なわれることになったのであった。

㋺、二十センチ主砲の搭載

航空母艦「赤城」と「加賀」の特徴的な装備に二十センチ砲の搭載があったが、両艦が建造された頃は、艦隊戦闘の中で航空母艦をどのように使うかということにまだ明確な答えが得られていなかった。そのためにもし作戦行動中に敵巡洋艦などと遭遇した場合の対応策と

射撃訓練中の「赤城」の20センチ連装砲

して、航空母艦には口径十四〜二十センチの砲を多数搭載する方式が採られていた。これはワシントン海軍軍縮条約の条項の中に、航空母艦の備砲は口径六インチ（十五センチ）以上八インチ（二十センチ）砲の装備が認められていたことでもわかる。事実イギリスもアメリカもフランスも同じで、後年に建造が進められていたドイツの航空母艦グラーフ・ツエッペリンも同じであった。

「赤城」も「加賀」も艦首の二段目の飛行甲板の両側に、二十センチ連装砲塔が各一基ずつ搭載されており、艦尾に近い両舷にも二十センチ単装砲各三門がケースメートに装備され配置された。これにより両艦ともに重巡洋艦並みの片舷五門の二十センチ砲の射撃が可能となっており、この主砲は当時完成した重巡洋艦「古鷹」や「青葉」などと同じ五十口径三年式二十センチ砲であった。

この二十センチ砲の搭載については海軍内でも賛否の分かれるところとなり、両航空母艦ともに一段式飛行甲板に改造するに際し再検討された。その結果「赤城」と

「加賀」の20センチ連装砲。上は左舷砲塔に20センチ砲をクレーンで搭載中である

「加賀」では違う結論を出すことになった。つまり「赤城」では連装砲塔を撤去するが、艦尾付近に搭載した単装の二十センチ砲はそのまま装備することになった。一方の「加賀」は連装砲塔を撤去する代わりに艦尾に搭載された単装二十センチ砲はそのまま装備するが、その前方舷側に新たに二十センチ単装砲を両舷に各二門追加装備することになった。つまり「赤城」の二十センチ砲は片舷各三門となるが、「加賀」では従来と同じ五門としたので

ある。

このことは海軍部内でも航空母艦の運用の在り方に関し、まだ明快な答えが出ていなかったことを示すことにもなった。そしてこの二十センチ砲は両艦ともに喪失の時点まで装備されていたのであった。

同じことはイギリスでもアメリカでもあった。イギリスはフユーリアス級航空母艦には完成当初から十四センチ単装砲を片舷に五門ずつ装備し、フランスの戦艦改造の航空母艦ベアルンも十五・五センチ単装砲を片舷に四門ずつ装備し、アメリカのレキシントンやサラトガも飛行甲板中央右舷の艦橋構造物の前後に、二十センチ連装砲塔各二基ずつ搭載していた。そしていずれの場合も第二次世界大戦勃発時点でも搭載は続き、レキシントンやサラトガから二十センチ連装砲塔が撤去されたのは太平洋戦争勃発後であった。

㈧、艦橋構造物

日本の航空母艦で艦橋と煙突が一体の構造となったのは商船改造の航空母艦「飛鷹」と「隼鷹」が最初であり、他には戦争後期から末期にかけて完成した「大鳳」と「信濃」だけであった。他の航空母艦は飛行甲板の片舷に艦橋構造物を設けても、全てが煙突と分離された規模の大きくないまさに艦橋構造物だけであった。そしてこの艦橋構造物は羅針艦橋と操舵室、航空機指揮所や通信室、作戦室や乗組員待機室などの小規模な設備をまとめた極めて

「赤城」（上）と「加賀」の羅針艦橋。どちらも上段飛行甲板下最前部に設置した

コンパクトな構造であることが特徴となっていた。

「赤城」も「加賀」も多段式飛行甲板型航空母艦で出現した当時は、飛行甲板上に艦橋構造物はなく、竣工前に二段目飛行甲板の使用が廃止されたことにともない、艦橋は最上段飛行甲板最前部の直下に配置されることになった。ただここに置かれたのは羅針艦橋で、操舵室は羅針艦橋とは離れた二段目飛行甲板に予定されていた右舷前端の装甲室内に配置された。

「赤城」も「加賀」も竣工

当初は発着艦機の指揮をするための指揮所は、最上段の飛行甲板の前端近くの右舷に設けられていた。しかし羅針艦橋などとの連絡が不便であるために、「加賀」では一九三三年（昭和八年）に、最上段飛行甲板の前端近くの右舷に簡易式の航海艦橋兼発着艦機の指揮所を設けた。これは本艦が上海事変に投入されたことによる実戦の経験からの配置であった。この特設の艦橋は効果的と判断され、「加賀」が「赤城」に先立ち一段式飛行甲板型に改造されるに際し、正式に最上段飛行甲板の右舷前方に小型の本格的な艦橋構造物が配置された。

「加賀」の艦橋構造物は三層から構成されており、飛行甲板右舷から外側に張り出すように飛行甲板と同じ位置に設けられ、一層目は作戦室と飛行科要員待機所、その上の二層目が操舵室と発着艦飛行機指揮所、最上段の三層目が羅針艦橋（航海艦橋）となっており、羅針艦橋の上部には高射砲と二十センチ砲の測的装置と射撃装置が配置されていた。

そして遅れて一段飛行甲板化の工事が開始された「赤城」では、艦橋構造物は「加賀」とは反対の左舷に配置され、その位置も「加賀」より飛行甲板の中央付近の位置に配置された。これは「赤城」の右舷側に設けられた巨大な煙突とのバランスを取るためと、飛行甲板上の気流の流れを抑制しようとする意味からの配置であった。

「赤城」の艦橋構造物は「加賀」より大型となり四層構造となった。そして平面形状も「加賀」より多少大型化された。艦橋構造物の一層目は搭乗員や飛行科作業員の待機所、二層目が作戦室と発着艦機指揮所、三層目が操舵室と無線室、四層目が羅針艦橋（航海艦橋）とな

「加賀」の上段飛行甲板上右舷の艦橋

っていた。
飛行甲板左舷への艦橋構造物の配置は、この「赤城」と次に建造された「蒼龍」級航空母艦の二番艦「飛龍」で採用されただけで、他の航空母艦の艦橋構造物は全て右舷配置となった。その理由は「赤城」を運用した結果、左舷の艦橋構造物の存在が右舷に配置された煙突からの排煙を乱すことが、着艦する飛行機に影響を与えやすいことが判明したためであった。
なお「加賀」の艦橋構造物が「赤城」よりも艦首寄りに設けられたことには二つの理由があった。一つは飛行甲板の舷側に見える艦橋構造物が、着艦する飛行機のパイロットには障害物という意識が生まれ、できるだけ着艦機のパイロットの目障りにならないように飛行甲板の前方に配置した、ということである。もう一つの理由は、「加賀」の一段飛行甲板への改造は「赤城」より二年前に開始されたが、この時期にはすでに横索式着艦制動装置が実用の段階に入っていたが、制動距離の確実性についてはまだ不安が存在した。そのために着艦機に対する一連の収容作業が飛行甲板の前方で行なわれる傾向にあり、勢い作業指揮の上からも艦橋は飛行甲板の前方に配置することが得策と考えられたためであった。

しかし「赤城」の改造が開始された頃の着艦制動索の機能はより進化しており、着艦距離も短くなったために艦橋も作業指揮のしやすい飛行甲板中央近くに移動することが考えられ、「赤城」においては飛行甲板の中央近く、また以後完成した航空母艦の艦橋も飛行甲板の中央からやや前方寄りに配置されるようになった。

㈡、着艦装置

航空母艦「鳳翔」が完成した頃も、「赤城」や「加賀」が完成した頃も、また同じ時代のアメリカやイギリスの航空母艦が完成した頃も、航空母艦に着艦する飛行機を制動する方法は縦索式着艦制動装置がすべてであった。

日本の三隻の航空母艦に完成当時装備されていた着艦制動装置は、イギリスから輸入した縦索式着艦制動装置が採用されていた。

縦索式着艦制動装置とは、飛行甲板のほぼ全長に近い長さに飛行甲板の前端から後端にかけて多数のワイヤーを等間隔に張り、このワイヤーに着艦する飛行機の車輪をこすり付けて制動しようとする方式である。

ワイヤーは三十～四十センチ間隔で張られるが、飛行甲板の表面からワイヤーの高さを全長に渡り同一にするために、飛行甲板に無数の起倒式の駒板を高さ十五～二十センチに立て、この駒板でワイヤーを保持する。

着艦する飛行機は車輪の外側に取り付けられたブラシ状の装置でこのワイヤーに車輪をこすり付けながら減速し停止させるのである。また当時はすべての飛行機が固定脚であるために、両車輪をつなぐ心棒もこのワイヤーをこすることになり減速効果を高めた。

アメリカ空母ラングレーの飛行甲板上に設置された縦索式制動装置

しかしこの縦索式着艦制動装置の欠点は着艦する飛行機を一定の距離で完全に停止させることができない、ということであった。そればかりでなく着艦機は縦索（ワイヤー）との接触の仕方によっては機体が回転したり転覆したり、時には機体が急に向きを変えて舷側から海中に転落す

「赤城」飛行甲板上の縦索式制動装置

る事態も招いた。さらに着艦に失敗し再度離艦滑走しようとしても、ワイヤーが邪魔となって離艦は不可能になるのである。
航空母艦が登場してから一九二〇年代の末頃までは着艦する飛行機を停止させる方法はこの縦索式着艦制動装置しかなかったために、各国海軍の航空母艦では着艦を安全に行なうために長い飛行甲板を準備しなければならなかったのである。つまり航空母艦の発達の初期の段階で多段式飛行甲板型航空母艦が現われた理由こそ、この着艦の問題にあったのである。
一九三〇年（昭和五年）にフランスのシュナイダー社が世界最初のフュー式横索式着艦制動装置の開発に成功した。日本は勿論のことイギリスもアメリカもいち早くこの装置を購入し、既存の航空母艦に装備し試験を繰り返した。
日本海軍も購入したフュー式横索式着艦制動装置を「鳳翔」「赤城」、そして「加賀」に装備し、艦上戦闘機や艦上攻撃機に着艦用フックを取り付けて試験を繰り返したが、

「鳳翔」の同装置、一〇式艦戦と英人ジョルダン

いずれも短距離の確実な着艦が可能となることが実証された。

日本がフュー式着艦制動装置を導入した直後の一九三一年（昭和六年）に、萱場製作所がフュー式着艦制動装置を改良したより実用的な萱場式横索式着艦制動装置を開発し、これを「赤城」と「加賀」に装備してテストを繰り返したが、その結果はフュー式着艦制動装置を上回る好結果を得ることになった。

一方海軍もフュー式着艦制動装置を母体に横須賀海軍工廠が独自に横廠式横索型着艦制動装置を開発しテストを開始した。

この横廠式横索型着艦制動装置は極めて優秀な結果を生むことになり、その後太平洋戦争で活用されたすべての日本の航空母艦の着艦制動装置は、この横廠式着艦制動装置が使われることになった。

なおイギリスやアメリカが第二次世界大戦中に実用した着艦制動装置は、いずれもフュー式着艦制動

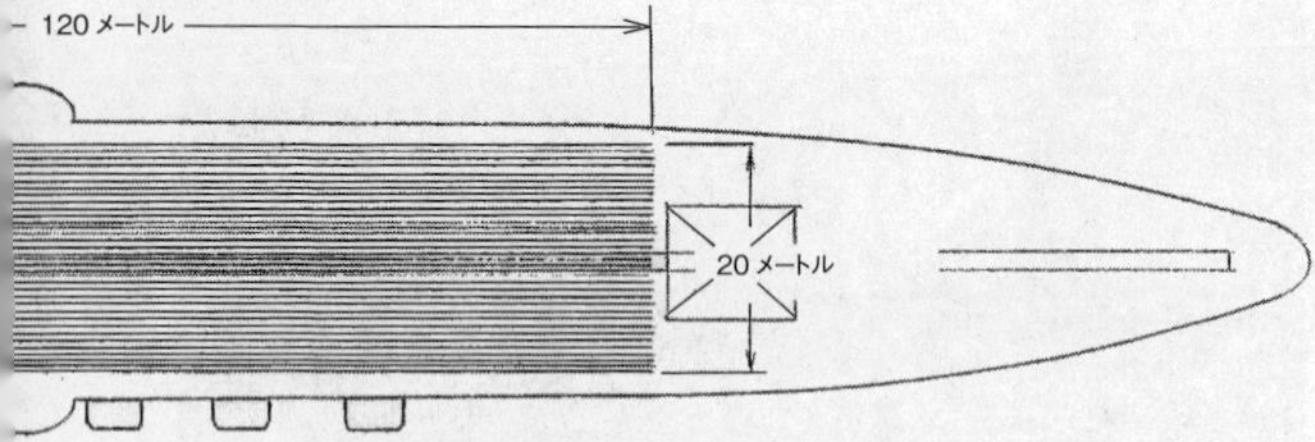

第16図　航空母艦「鳳翔」の縦索式着艦制動装置概念図

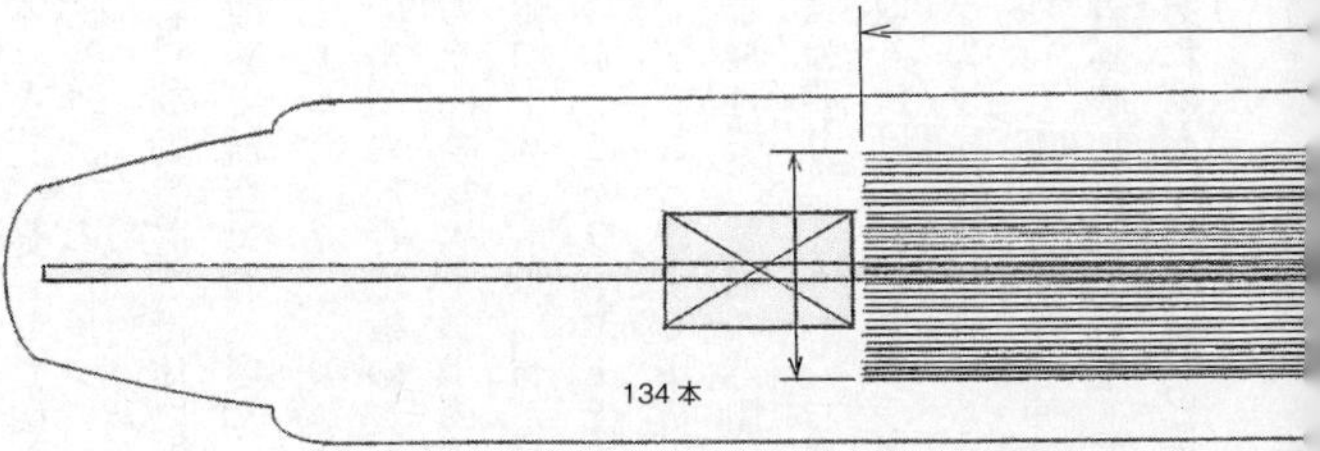
134本

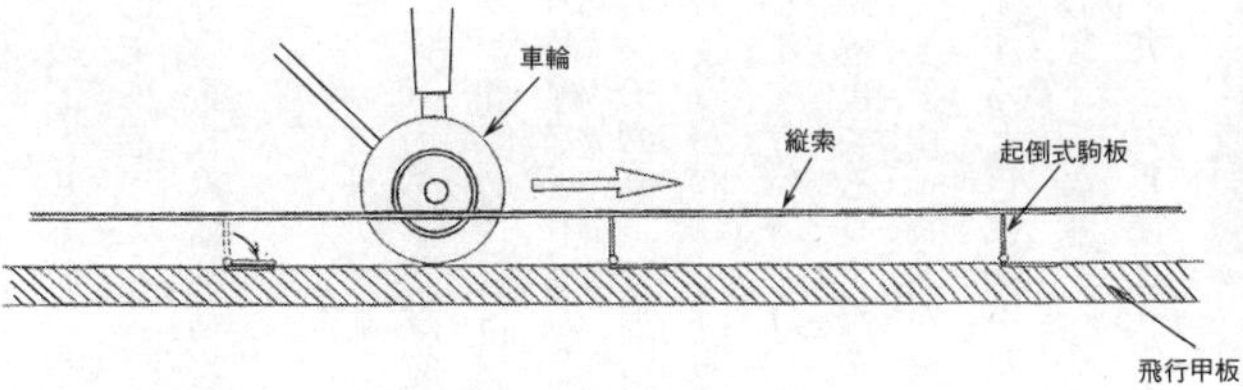
車輪
縦索
起倒式駒板
飛行甲板

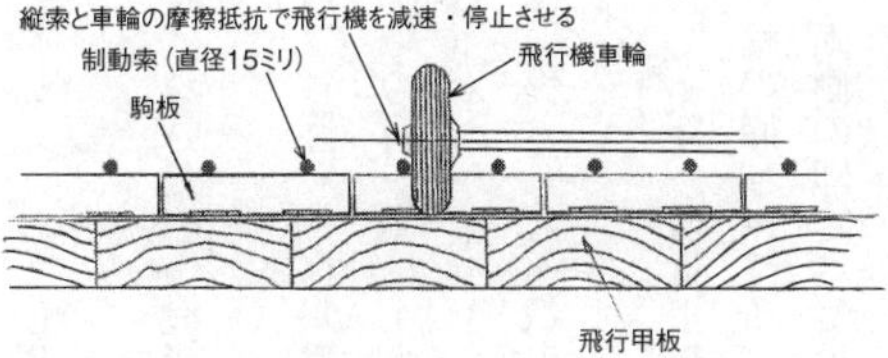
縦索と車輪の摩擦抵抗で飛行機を減速・停止させる
制動索（直径15ミリ）
駒板
飛行機車輪
飛行甲板

装置が基本となって発達した装置で、いずれの国で実用した着艦制動装置も基本構造は全く同じである。そして現在使われている着艦制動装置も基本構造や基本システムはもともとはフュー式着艦制動装置が母体になっているものである。

ここで改めて航空母艦「鳳翔」を例にとって縦索式着艦制動装置についてその機能を具体的に紹介したい。

「鳳翔」の当初の飛行甲板の長さは百六十八・三メートル、幅二十二・七メートルである。飛行甲板の前部エレベーターの直後から後部エレベーターの直前までの百二十メートルの距離まで、幅二十メートルにわたり、幅十五センチ間隔で合計百三十四本のワイヤー（縦索）を張り巡らす。このワイヤーは直径十二ミリの鋼線で、甲板の上に準備された多数の起倒式の駒板を立てることにより甲板上十五〜二十センチの高さに張られる。

着艦する飛行機の車輪の外側にはブラシ状の装置が取り付けられており、飛行甲板に着艦した飛行機は張り巡らされたワイヤーに車輪がこすり付けられ、車輪の回転はワイヤーと車輪外側に取り付けられたブラシの抵抗で次第に停止する。また一方両側の固定車輪を連結する心棒もこのワイヤーをこすることにより抵抗となり、機体の減速を促す。この時ワイヤーの高さを保持していた駒板は車輪や車軸が通過するときに倒されてゆく。

縦索式着艦制動装置は着艦速度が時速百キロ以下で軽量の一〇式艦上戦闘機や一三式艦上攻撃機であればある程度有効に作動するが、一九二九年に正式採用された重量が増し速力が早くなった八九式艦上攻撃機や九〇式艦上戦闘機では、縦索式着艦制動装置では安全な距離で停止させることが難しくなっていた。

いずれにしても横索式着艦制動装置の開発は極めてタイミングの良い時期の開発であったことになるのである。

横索式着艦制動装置は現代に続く航空母艦の着艦制動装置でその原理と構造は全く同じである。飛行甲板に直角に等間隔で横に張られた横索に飛行機の胴体後部から下げられたフックを引っかけ、飛行機の行く足を急速に止めることになるが、この時横索は飛行機によりある程度引っ張られ機体の破壊を防止する。この引っ張られる横索を停止する方法は油圧式あるいは電磁式で行なわれるようになっているのである。

㋭、飛行機格納庫

日本最初の本格的航空母艦「鳳翔」が完成したのは一九二二年（大正十一年）十二月であった。「鳳翔」の設計にはイギリス海軍の改造航空母艦アーガスやイーグルをある程度の参考にはしているが、その構造など詳細な情報が入手できるわけではなく、なかば手探りの状態で設計建造が行なわれた。

「鳳翔」の計画搭載機数は当初より常用十五機とされていた。その内訳は当時すでに完成していた一〇式艦上戦闘機六機と一三式艦上攻撃機九機であった。それ以外に補用機が六機と

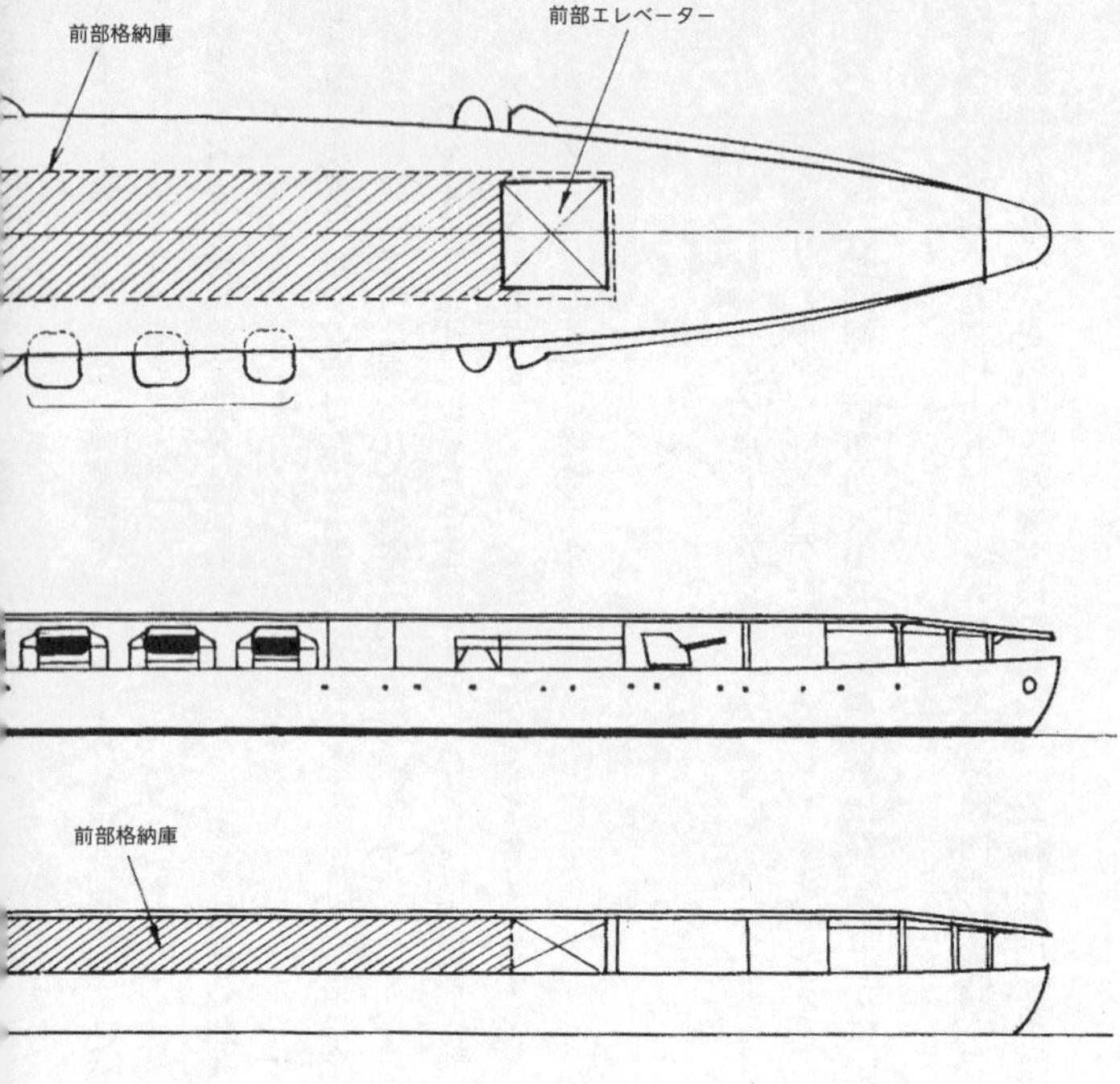
前部格納庫
前部エレベーター
前部格納庫

第17図　航空母艦「鳳翔」の格納庫配置図

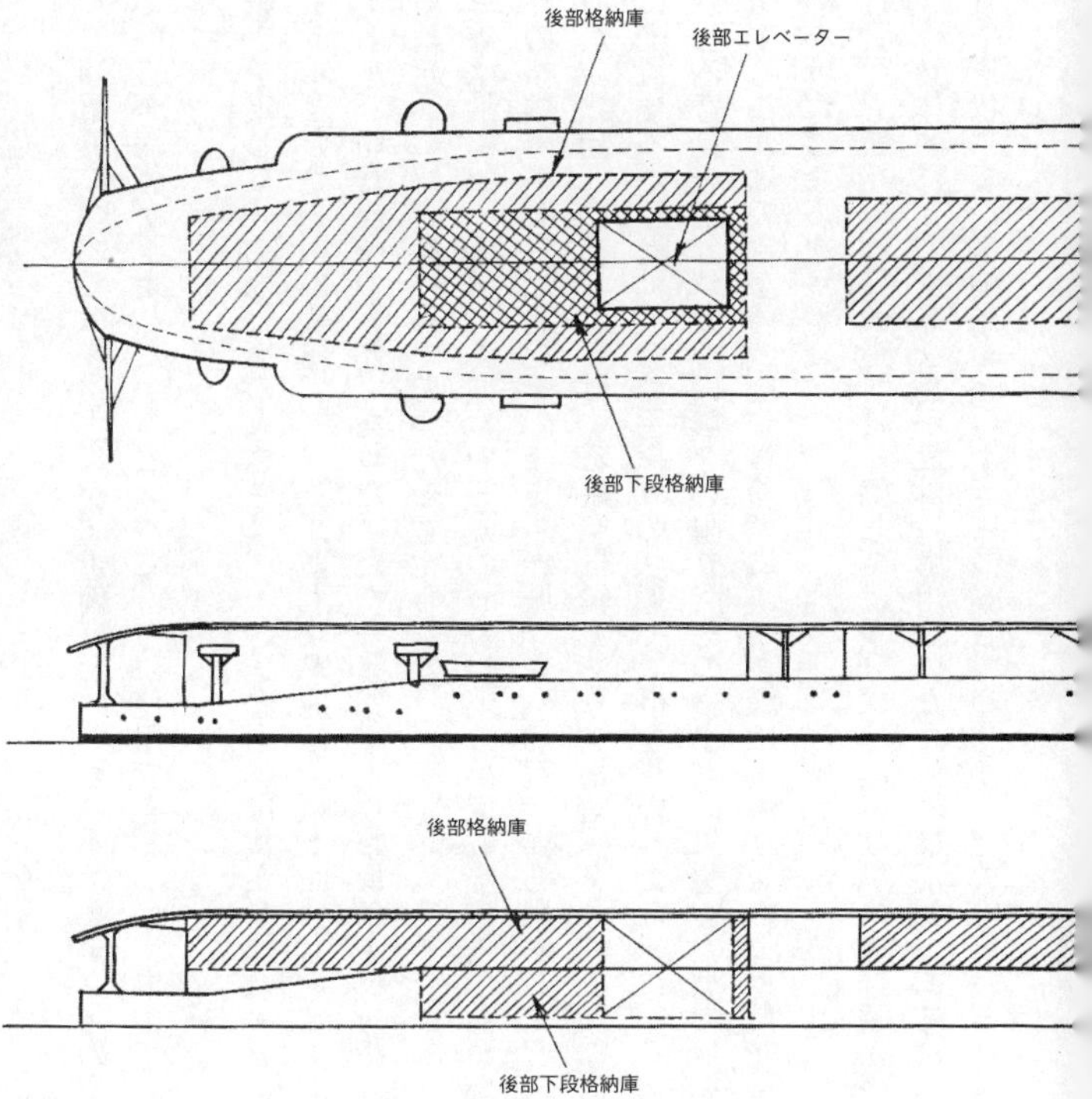

されていた。なお補用機については後述するが、予備機とはいささかニュアンスの違う機体で、搭載はしているが機体が不足したからといって直ちに使用できるように準備された飛行機ではない。

「鳳翔」が搭載を予定していた飛行機の大きさは、一〇式艦上戦闘機が全幅八・五メートル、全長六・九メートルという小型の機体で、一三式艦上攻撃機は全幅十四・七八メートル、全長十・一三メートルという規模の機体であった。ただ一三式艦上攻撃機は主翼を折りたたむことができ、格納庫への収容は容易であったと考えられる。

「鳳翔」は基準排水量においては「赤城」の三分の一の規模の小型航空母艦であった。このために「鳳翔」の格納庫の設計思想をそのまま「赤城」や「加賀」に応用することはできない。それどころか「鳳翔」は初めて設計する航空母艦であり、格納庫をどのような形状や規模でどのように配置するかなどは、全く手探りの状態で設計を行なったために、その後の運用結果から出される意見を十分に参考にしない限り、そのまま設計思想を大型の「赤城」や「加賀」に応用することはできない。むしろ参考にすべき艦はイギリスの大型航空母艦フユーリアスに求めなければならなかった。

「赤城」と「加賀」を航空母艦に改造するに際しては多分にフユーリアスの経験が生かされたようであるが、具体的にどのような点が設計に応用されたか詳細は不明である。ただ飛行機格納庫の配置や形状、また格納庫をどのように構築してゆくかなどの構想は、基本的には

昭和3年の観艦式における「赤城」格納庫での宴

フューリアスの経験が反映された模様である。そしてこの配置や形状がその後の日本の多くの航空母艦の格納庫の基本形状と配置に踏襲されることになったのだ。

例えば日本の航空母艦の格納庫が、その後に建造されたイギリスのすべての航空母艦と同様に、アメリカの航空母艦の開放式格納庫とは概念の違う密閉式格納庫になったことは、そのあたりの事情を如実に証明するものなのである。

密閉式格納庫とは、様々な設備や構造物で囲まれた艦内の空所を格納庫とする発想で、その空所の蓋が飛行甲板に相当することになる。したがって敵の爆弾攻撃に対する防御の一つは飛行甲板に装甲鈑を張る、あるいは同時に格納庫甲板に装甲鈑を張るという方法が採られる。

密閉式格納庫の場合、飛行機格納庫の周囲は乗組員居住区域や各種倉庫あるいは各種作業室や機械室

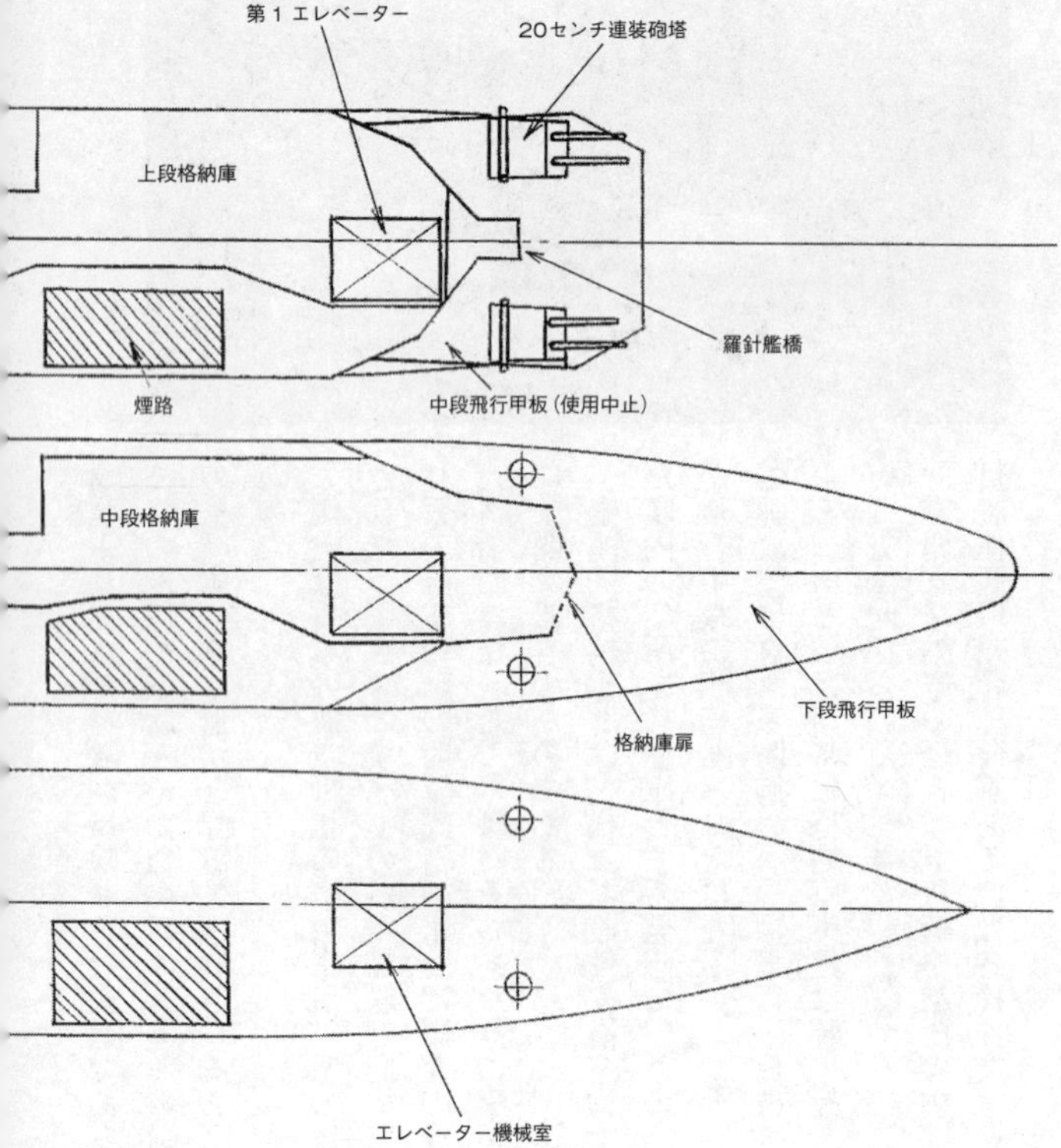
第１エレベーター
20センチ連装砲塔
上段格納庫
羅針艦橋
煙路
中段飛行甲板（使用中止）
中段格納庫
下段飛行甲板
格納庫扉
エレベーター機械室

第18図　多段式飛行甲板航空母艦「赤城」の格納庫配置図

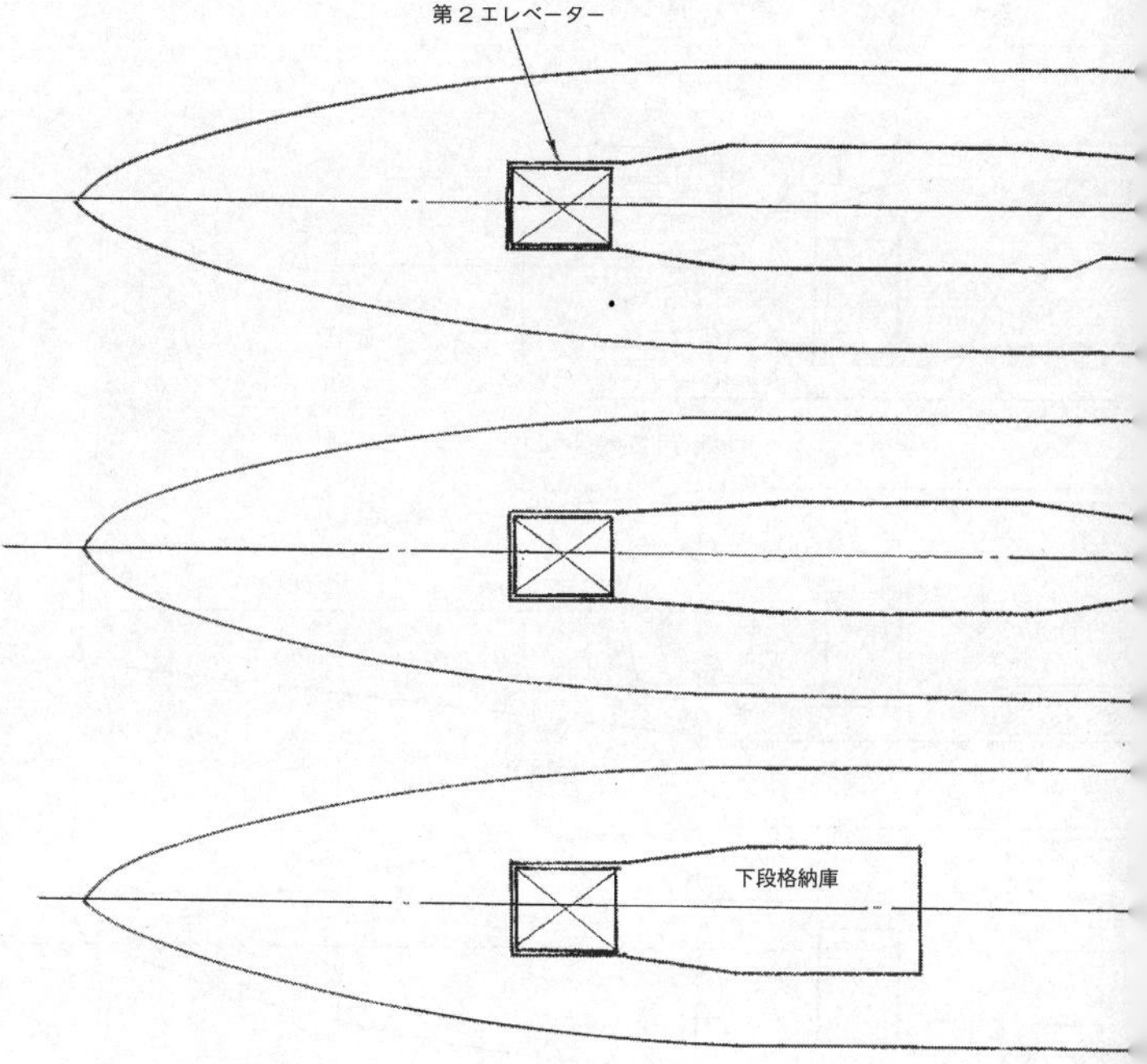

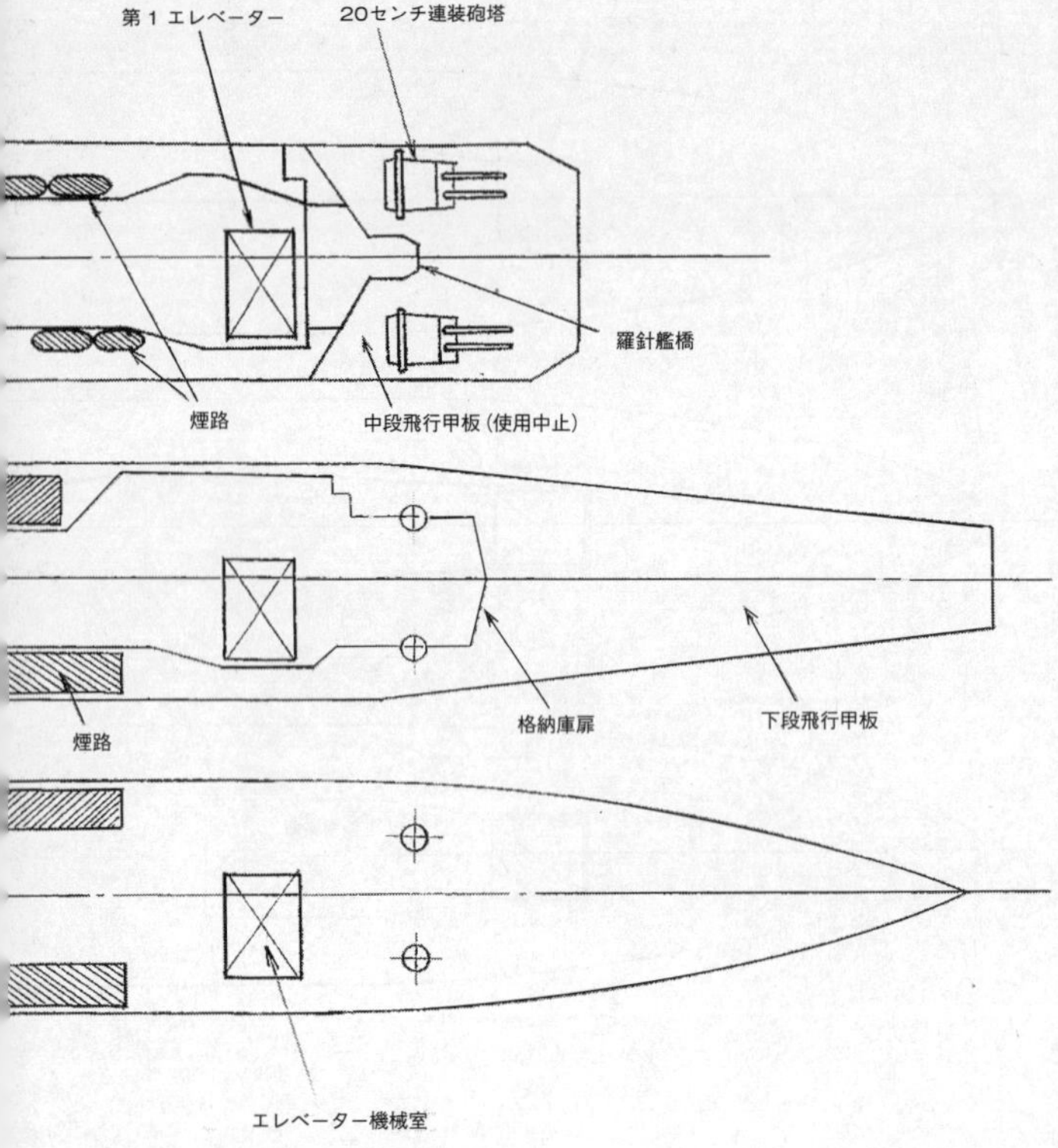
第１エレベーター
20センチ連装砲塔
羅針艦橋
煙路
中段飛行甲板（使用中止）
煙路
格納庫扉
下段飛行甲板
エレベーター機械室

第19図　多段式飛行甲板航空母艦「加賀」の格納庫配置図

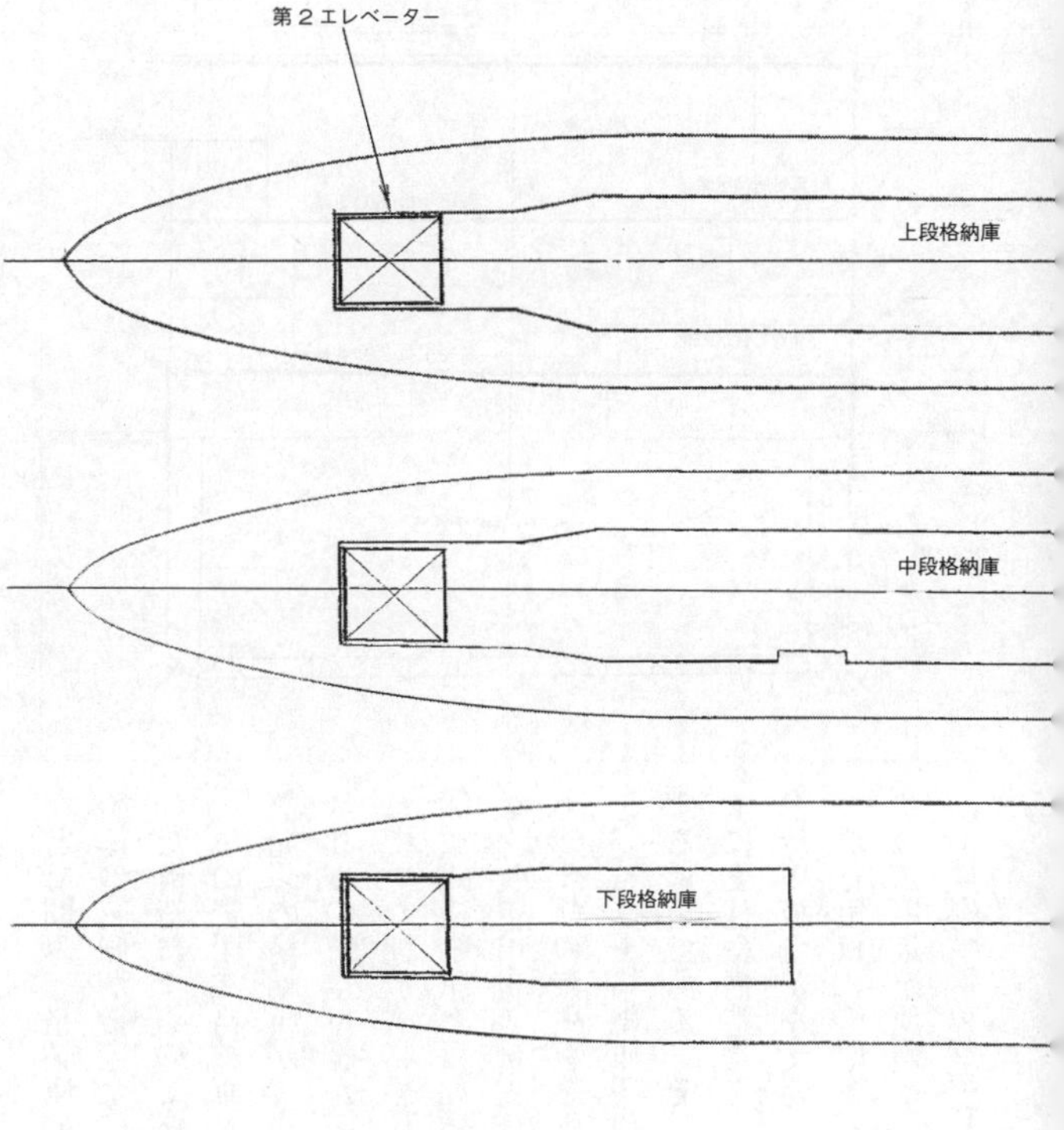

第20図　密閉式格納庫の概念図

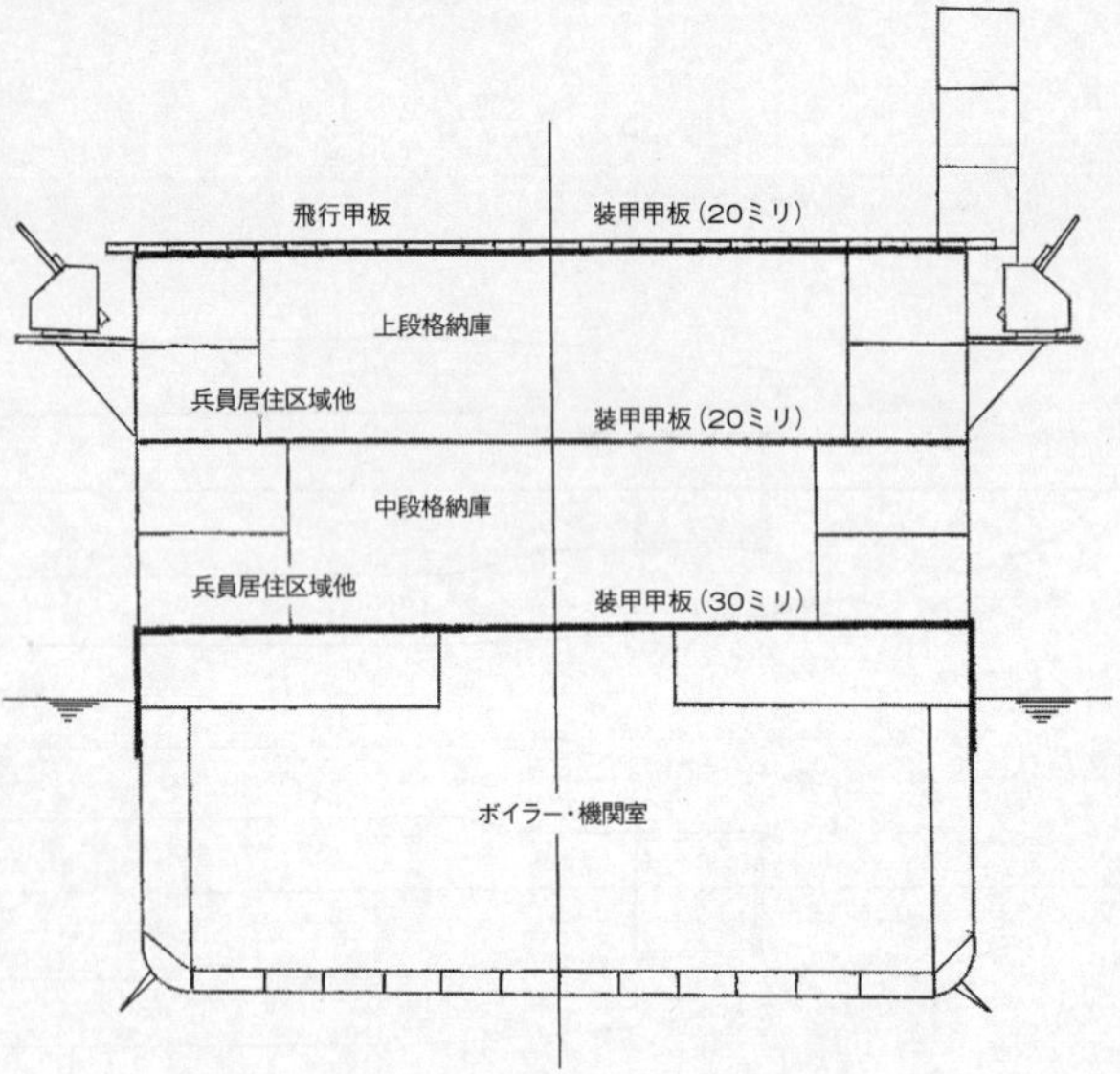

などで囲み、格納庫の大半は船体の舷側から完全に密閉された構造になるのである。

この密閉式格納庫と対照的な発想の格納庫が、当初のアメリカの航空母艦から採用されていた開放式格納庫である。開放式格納庫とは船体の上甲板を装甲甲板（例えば厚さ六十三ミリの装甲鈑を張る）とし、ここを格納庫甲板の床とする考えである。そしてその上に支柱や構造物を立ち上げ飛行甲板で蓋をするのだ（この飛行甲板にも厚さ三十八ミリの装甲鈑が使われ、その上は木材の厚板が敷かれる）。

第21図　開放式格納庫の概念図（アメリカ航空母艦エセックス級）

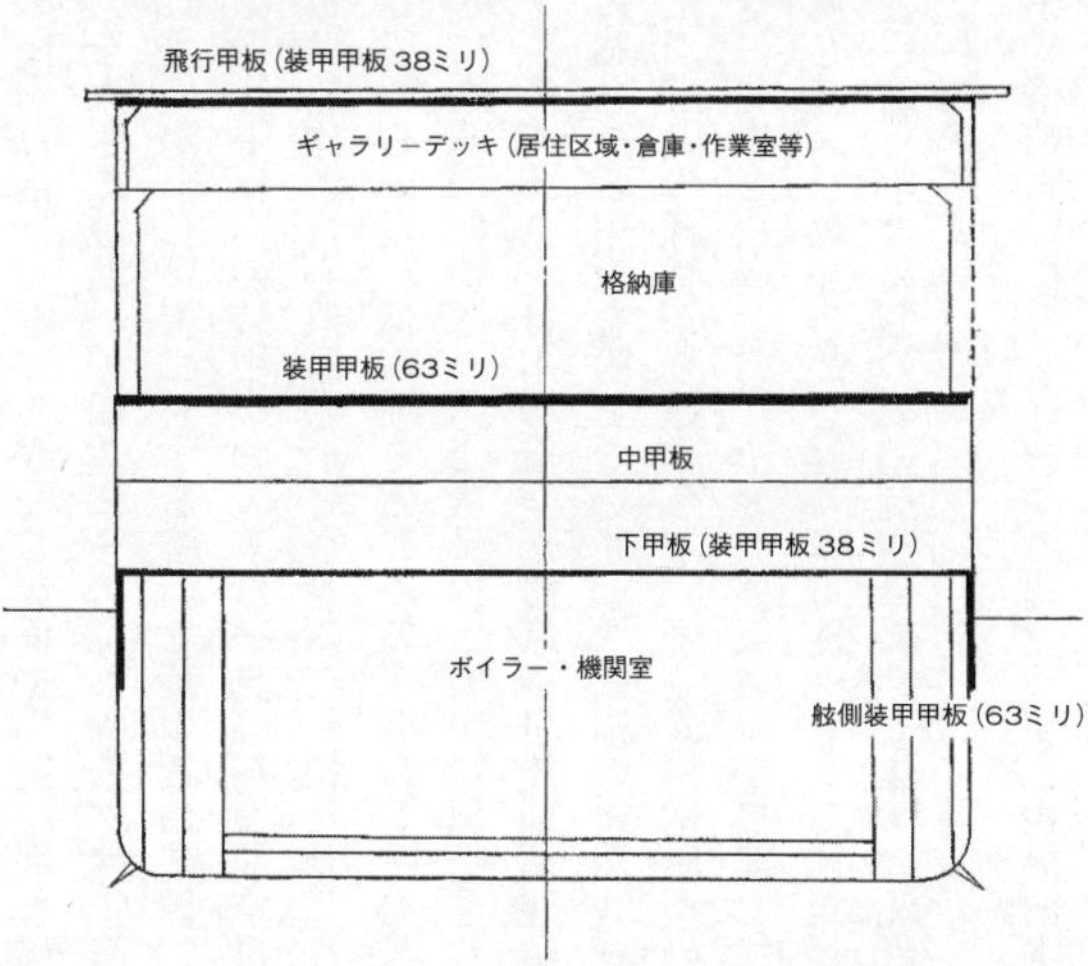

格納庫の周辺には一部は倉庫や機械室あるいは煙路が配置されるが、大半は開閉自在のシャッターや薄板の壁板で囲まれ外部に対し多くの空間ができる構造になっている。

開放式格納庫のメリットは周囲に制約するものが少ないだけに格納庫面積を広く取れることである。また敵の爆弾攻撃を受けた場合には飛行甲板は貫通するであろうが格納庫甲板（装甲甲板）で爆弾を食い止め、そこで爆弾が爆発しても爆発の圧力は周囲の脆弱な壁面を破壊し爆圧は外に逃れ減殺され、これにより飛行甲板や格納庫甲板以下の船体に多くのダメージを与えることは食い止められることになる。

一方密閉式格納庫では、飛行甲板を貫通した爆弾が格納庫甲板で爆発した場合には、その爆発の圧力は逃げるところがなく床面や周囲を囲む構造物を、そして天井に相当する飛行甲板などを大きく破壊し、船体に極めて甚大なダメージを与える可能性がある。このために考案されたのが飛行甲板に対する強力な装甲鈑の装備である。

この飛行甲板への装甲鈑の装着は一見強靭な航空母艦を構成するように見えるが、重たい装甲鈑は船体の重心位置を上昇させることになり、これを避けるには勢い飛行機格納庫を例えば二段から一段に減らすことになる。しかしその結果は飛行機の搭載量を大幅に減少させることになるのである。第二次世界大戦中に建造されたイギリスの大型航空母艦はまさにこのスタイルであり、日本の航空母艦は戦争後期に建造された「大鳳」を除き、すべてが飛行甲板に強靭な装甲鈑を張らない脆弱な構造の密閉式格納庫型であった。

また、実戦の経験から述べると、密閉式格納庫型の航空母艦は例えばガソリンの気化ガスが大量に発生した場合に、十分な換気装置が機能していない場合には、気化ガスが格納庫内に充満し甚大な爆発事故を起こす可能性もあるのだ。太平洋戦争後期のマリアナ沖海戦で日本の装甲飛行甲板装備の大型航空母艦「大鳳」の沈没の原因は、その好例となったことで知られている。

密閉式格納庫甲板のもう一つの弱点は開放式格納庫型の航空母艦に比べ飛行機格納庫の床面積が狭くなることである。

「赤城」と「加賀」が多段式飛行甲板型航空母艦として完成した時、両航空母艦ともに密閉式格納庫型の航空母艦として完成していた。

「赤城」の竣工時の飛行機の収容数は、常用が艦上戦闘機（三式艦上戦闘機）十二機、艦上攻撃機（一三式艦上攻撃機）二十四機、艦上偵察機（一〇式艦上偵察機）十二機の合計四十八機で、その他に補用機として各型式四機ずつを分解して搭載し、搭載機の合計は合計六十機となっていた。

一方「加賀」の格納庫の形状は「赤城」とはかなり異なっており、収容機数にも多少の余裕はあったが、搭載機の定数は常用が「赤城」と同じ四十八機で、補用十二機の合計六十機であった。

ここで常用機と補用機について説明をしておきたい。常用機とは「赤城」と「加賀」が平時または戦時に訓練や戦闘に常時稼働させることができる機体のことである。一方補用機とは、常用機が事故などで失われた場合にその不足を補うための予備機であるが、それは平時を対象にした予備機と考えるもので、戦時を考えた場合の予備機とはいささかニュアンスの異なるものなのである。

海軍は平時は原則的に年度予算で運営される組織である。このために補用機とは「年度予算内で決められた予備機」と定義することができる。つまり一年間に事故などで失われる搭載する機体の予想数をあらかじめ定めておき、その予備機の予算は計上されその予備機を搭載する。そしてこの年度内に多くの事故が発生し予備機（つまりは補用機）が不足すれば、その年度内は定数不足のままでその航空母艦は運用されることになるのである。

ただ有事に際してはこの補用機という概念は通用しなくなるのは当然で、不足した搭載機は直ちに補充する必要がある。従ってこの補用機の数は戦時に際しては損害時の補充用の機体、あるいは最初からその補用機の収容スペースを使い、搭載機の定数を増やすなどの手法が取られるのである。

戦時では航空母艦に搭載する飛行機の種類や数は様々に変わる可能性がある。そのために戦時においては特定の航空母艦の搭載機の数は様々に変化する可能性が出てくるために、その航空母艦の搭載機の数は固定することはできず、平均的な数あるいは特定の戦闘時での搭載機の数で表わされるようになるのである。

ここで平時の補用機と戦時の場合の予備機の格納庫内での収容方法について述べる。これらの機体は基本的には完成された状態で収容するのではなく、胴体から主翼や尾翼などを分解し、これを胴体とともに木枠などに梱包して場所を取らないようにして格納庫内の特定場所に保管する。時には分解された主翼や尾翼などを格納庫の壁面や天井に掛けたりぶら下げたりして収納する。そして必要に応じて格納庫内で機体を組み立て、完成機として仕上げる方法が採られていた。

㈬、飛行機昇降装置（エレベーター）

エレベーターの歴史は古く、すでに千年以上も前から岩石や水などをバランサーに使い昇降できる装置は開発されていた。そして電動で駆動するエレベーターが開発されたのは一八八九年（明治二十二年）で、アメリカで発明され実用化された。

その後電動式エレベーターは、ニューヨークに八階建て以上の高いビルが建設されるようになると急速な発達を遂げることになった。

日本でも一八九〇年（明治二十三年）には早くも東京の浅草に建設された日本最初の高層ビル（凌雲閣＝通称十二階）に、直流式電動機駆動のエレベーターが日本で最初のエレベーターとして運転された。

その後産業用エレベーターも開発され、それにともない大型エレベーターに関する基本構造や動力システムの開発も日本で進められた。

エレベーターを備えた世界で最初の航空母艦はイギリスのアーガスである。飛行甲板と格納庫を連絡するエレベーターは世界最初の重量級（推定十トン）エレベーターであったのだ。

そしてその技術はたちまちアメリカや日本に伝わった。

日本最初の航空母艦「鳳翔」には二基のエレベーターが装備された。その大きさは前部が幅八・五メートル、長さ十二・八メートルで、後部のエレベーターは平面形に変化があるが最大幅は十一メートル、全長十三・七メートルであった。それぞれのエレベーターの重量の

飛行甲板に開いた飛行機搭載用エレベーター（「翔鳳」）

詳細は不明であるが推定十〜十五トンで、エレベーター駆動用の電動機の出力は七十〜八十キロワット（九十三〜百六馬力）であったと推定される。

「赤城」と「加賀」の航空母艦への改造工事が開始された頃（一九二二年〜一九二三年）のエレベーターは、「鳳翔」の設計が開始された頃よりも進歩していたものと考えられ、かなりの重量の昇降は可能だったであろう。

当初の「赤城」のエレベーターは二基で、その床重量は前部が二十二トン、後部は二十トンであった。魚雷を装備した全備重量状態の一三式艦上攻撃機を搭載した場合、前部エレベーターの総重量は二十四・九トンに達した。このエレベーターは出力九十八キロワット（出力百三十馬力）の電動機で駆動されていた。そしてその昇降速度は毎分四十メートル（秒速〇・六七メートル）であった。つまり一段目格納庫から飛行甲板までの昇降時間は約七秒と試算されるが、かなり早い昇降速度で

上昇した「加賀」の後部エレベーター

あったことになる。

日本の航空母艦用のエレベーターの基本構造やその駆動方法は、「鳳翔」が装備したエレベーターと基本的に大きく変化していたところはなかったようである。

その後の艦上機の発達とともに機体の寸法も大型化し、また機体重量も増加していった。そのためにエレベーター駆動用の電動機の出力も次第に強力なものと置き換わっていった。

事実太平洋戦争勃発時点では、最大重量の九九式艦上爆撃機の全備重量は三・八トンに達しており、一段甲板に改造後の「赤城」の前部エレベーターの重量は三十トンに達していたために全備重量状態の九九式艦上爆撃機を搭載した時の前部の総重量は三十四トンという重量に堪え得る巨大エレベーターとなっており、これを駆動する電動機の出力も百二十キロワット（百六十馬力）という大型のものに置き換えられていたわけである。

「赤城」と「加賀」のエレベーターの基本的な駆動システ

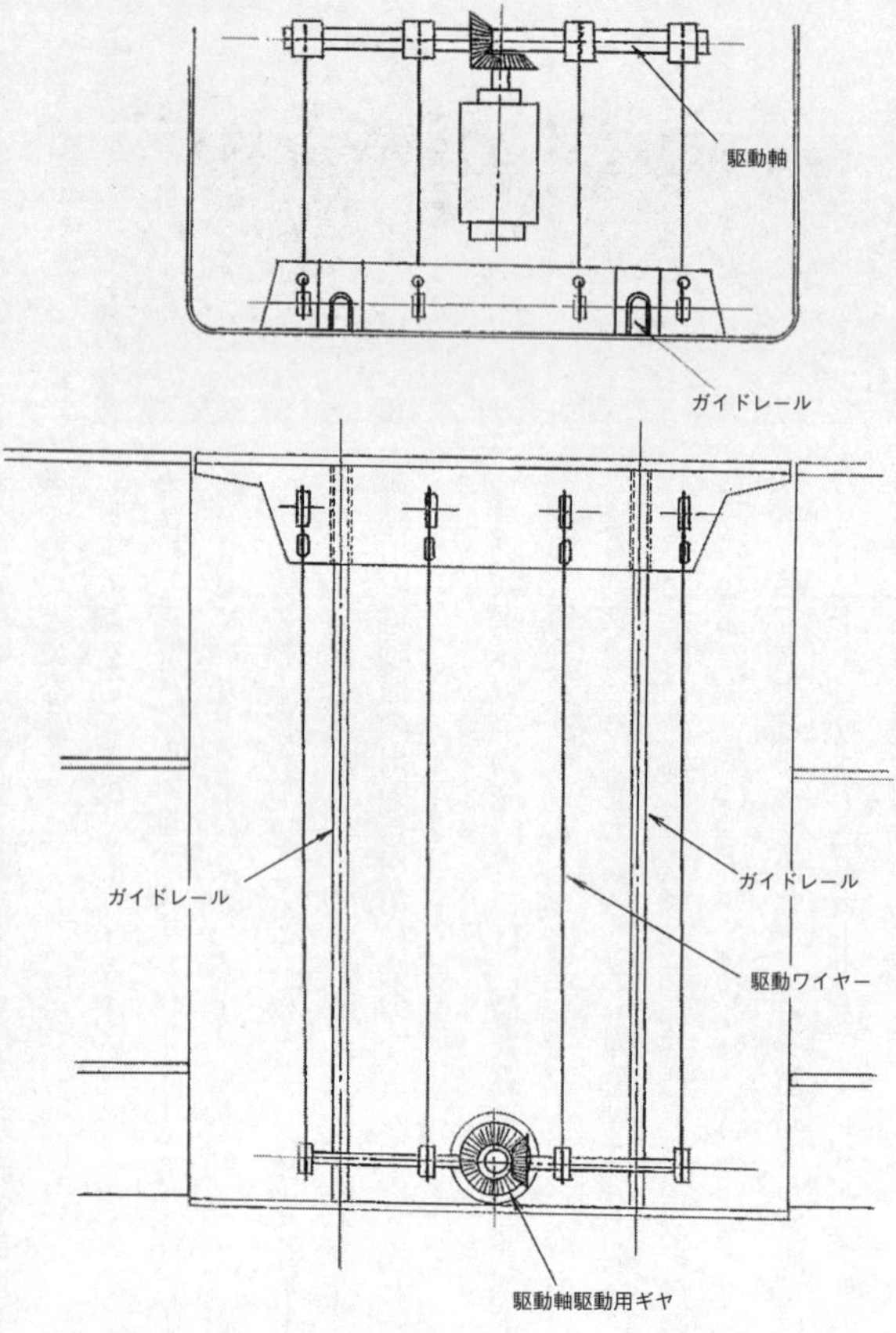
駆動軸
ガイドレール
ガイドレール
ガイドレール
駆動ワイヤー
駆動軸駆動用ギヤ

第22図　飛行甲板エレベーター駆動構造概念図

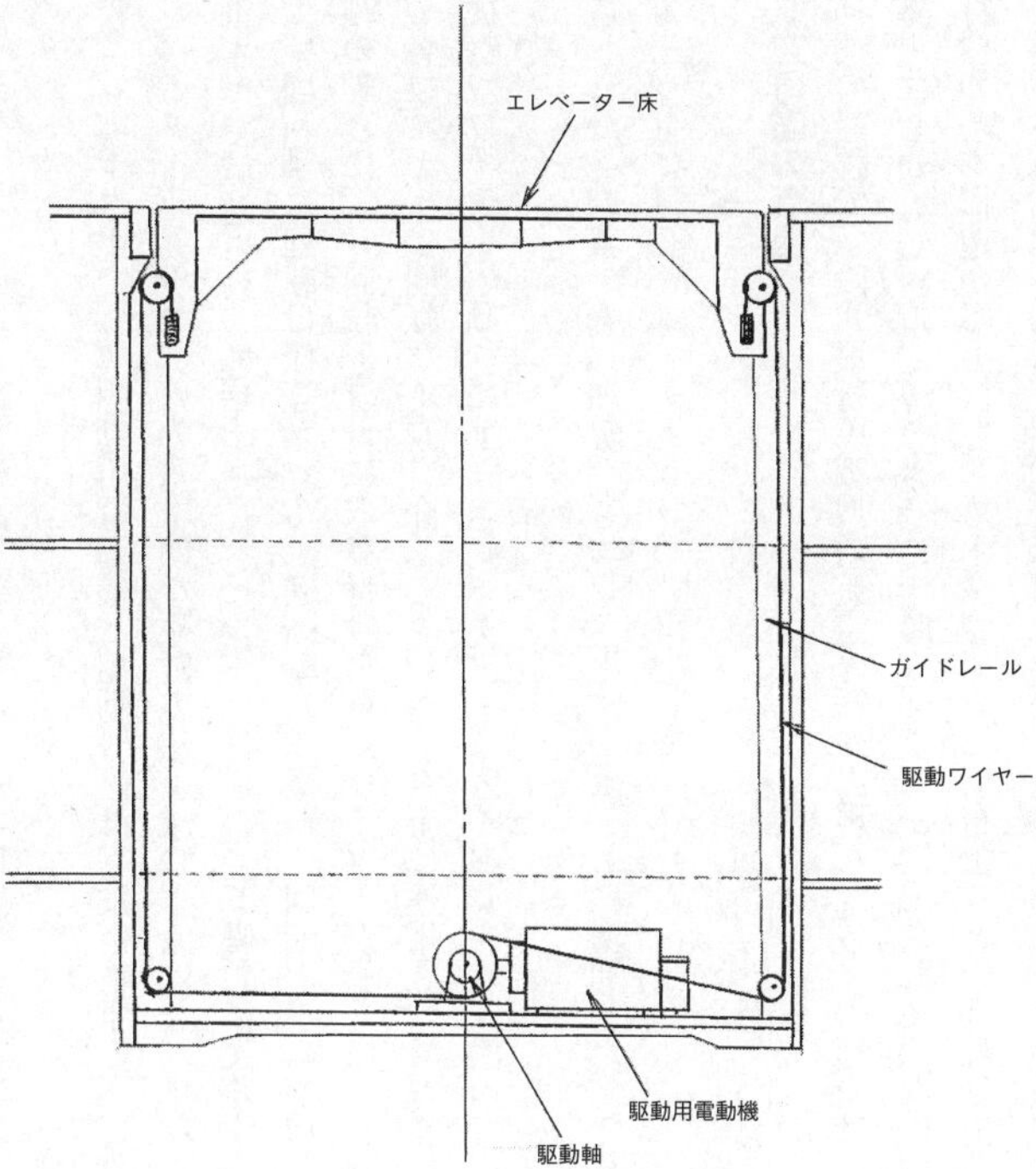

ムについては別図に示すが、この方式はその後建造された日本の航空母艦でも基本的に変わるところはなかった。

「赤城」や「加賀」のエレベーターでは、駆動用電動機と駆動装置は下段格納庫の下に設置されていた。このエレベーター駆動システムの基本的な駆動方法は次のようになっている。

電動機の回転は変則ギヤで減速され、連結ギヤ（ベベルギヤ）によって直角に交差するエレベーター駆動用の太い回転軸に回転は伝達される。回転軸には数個の回転ドラムが取り付けられており、回転軸の動きにより回転ドラムに取り付けられたワイヤーが巻き取られたり、巻き戻されたりする。各ワイヤーは回転ロールを介してエレベーターに連結されており、電動機の正逆の動きに従ったワイヤーの動きによりエレベーターはガイドレールに沿って上下するようになっている。

一段飛行甲板に改造された「赤城」も「加賀」もエレベーターは三基に増加した。そしてその重量も最大で三十三トンに達した。

多段式飛行甲板型航空母艦の衰退

航空母艦の発達の初期の過程で多段式飛行甲板型の航空母艦が出現した最大の理由は、飛行機を飛行甲板上に確実にしかも短距離で停止させる手段（装置）が開発されていなかったこと、また当時の飛行機の基本構造が艦上機を含め木金骨組みに羽布張りという軽量構造であるために、母艦を高速で走らせればそこで発生する強い風により飛行機の発艦距離がごく短距離ですんだ、という背景があったためであった。

多段式飛行甲板型の「赤城」の最上段の飛行甲板の長さは百九十メートルもあった。しかしそこへ着艦する飛行機はすでに記述したとおり縦索式着艦制動装置を使って着艦するもので、その着艦して停止するまでの距離はあらかじめ正確に予測することはできず、どこで停止するかは「神のみぞ知る」というものであった。

この方法では着艦に失敗した飛行機が復行操作をすることは不可能であり、結局は長い甲板を着艦専用に使うほかなかったのである。つまり出撃に際しては、最初の出撃は最上段の甲板（着艦甲板）から行なえるが、帰還する飛行機の着艦に備えて第二次、第三次で出撃する飛行機は下段の発艦専用の飛行甲板から出撃することになったのだ。

確かに多段式飛行甲板にはメリットはあった。しかし艦上機の発達にともない機体の重量が増し全備重量が増えれば、もはや下段の短い飛行甲板からの発艦は不可能になる。この問題は「赤城」と「加賀」が就役して数年後には早くも発生していた。

両航空母艦が完成した当時の最大重量の機体は一三式艦上攻撃機であった。本機の全備重量は二・九トンで、この重量の機体であれば「赤城」の最高速力三十二・一ノットを出せば海上が無風の状態でも、秒速十六・五メートルの向かい風を受けることになり、全備重量状態の一三式艦上攻撃機でも短い滑走で十分に離艦は可能であった。しかし「赤城」が就航した二年後に正式に採用されたより攻撃力の強い八九式艦上攻撃機は全備重量は三・六トンとなり、全力走行する「赤城」からの短い滑走での離艦は極めて危険になったのである。ましてや「赤城」よりも速力の遅い「加賀」の下段飛行甲板からの発艦はまったく不可能になるのである。

ここに救世主のように現われたのが横索式着艦制動装置である。この装置は同じ問題に悩んでいたイギリスとアメリカの航空母艦にもたちまち採用されるところとなり、さらに自国の技術力によりそれぞれより改良された横索式着艦制動装置を開発することになった。

イギリス海軍も二段式飛行甲板姿に改良されたフユーリアス級の三隻の航空母艦も、同じ問題を抱えていた。イギリス海軍は次期艦上攻撃機としてフェアリー・ソードフィッシュ艦上攻撃機を同じころに就役させたが、本機も重量級の機体となり下段飛行甲板からの発艦は不可能になっていた。そして一九三〇年には下段の発艦用飛行甲板の使用を中止し、横索式着艦制動装置の採用により上段の長い飛行甲板を発着両用で使うことになった（注＝フユーリアス級三隻は下段飛行甲板の使用が中止されたのちも、二段式飛行甲板に改造されることなく、最後まで二段式飛行甲板で運用された）。

最初に一段式飛行甲板型の航空母艦に改造されたのは「加賀」であった。本艦は排煙システムや低速力の問題など、大きな問題を抱えていたので最初に改造を受けることになった。

そして一九三三年（昭和八年）十月から佐世保海軍工廠で一段飛行甲板への改造が始まり、

二年後の一九三五年（昭和十年）十月に新しく一段式飛行甲板型航空母艦として完成した。

そしてその完成を待って「赤城」の一段飛行甲板への改造工事が始まった。工事は一九三五年十一月から「加賀」と同じく佐世保海軍工廠で始まり、一九三八年（昭和十三年）六月に一段飛行甲板への改造工事は完了した。

第4章　近代化改造された「赤城」と「加賀」

航空母艦「加賀」の大改造の概要

大型航空母艦として二番艦の「加賀」が一番艦の「赤城」より先に飛行甲板の一段化改造に着手した。工事は佐世保海軍工廠のドック内で一九三三年（昭和八年）十月に開始され、一九三五年十月に完成した。

二番艦の「加賀」が一番艦の「赤城」より先に改造工事に取りかかったのは、次の理由からであった。

一、「加賀」で採用された両舷側に沿って配置された排煙誘導システムは、排煙誘導管が高温のために設置された周辺の艦内環境を著しく損なうことになり、竣工直後から早急の改善対策が求められていた。

二、本排煙誘導システムの採用理由は、飛行甲板後端付近での排煙による気流の乱れを減少させる目論見があったわけであるが、艦の速力が遅いことも原因の一つとなり艦尾付近での気流をかえって乱すことになり、着艦する飛行機の安全のためにも早急な改善が求められていた。

三、「加賀」は本来が戦艦として設計された艦であり速力も「赤城」に比べ遅かった。しかし改造が急がれたために機関の出力増強は行なわず、また増速のための改造も行なわれなかったために、当初から艦の増速が求められていた。

以上の理由のために「加賀」の改善が急がれていたが、飛行甲板の一段化への改造に際し「加賀」の改造を先行させたのである。

この「加賀」の一段飛行甲板化の改造に際して行なわれた主な改良点は次のとおりである。

㋑、飛行甲板を最上段の一段にする。

㋺、二段目と三段目の飛行甲板を廃止することにより、既存の一段目と二段目の格納庫を艦首方向に延長する。

㋩、両舷側の誘導式煙路を撤去し、煙突を「赤城」と同様に船体中央部右舷に設け、その排出口を「赤城」と同様に下向きにする。

㋥、主機関の一部を高出力の機関に置き換え、速力のアップを図る。

㋭、船体を艦尾で八メートル延長し、推進効率の向上を図る。

㋬、飛行甲板と格納庫の延長によりエレベーターを二基から三基に増設する。

ト、飛行甲板右舷前方に艦橋構造物を配置する。

チ、仮想敵国の航空戦力の強化を予想し、対空砲火の強化を図る。

リ、二段目飛行甲板に配置されていた二十センチ連装砲を撤去するが、その代替として艦尾付近の舷側に配置されていた二十センチ単装砲の前方に、新たに二十センチ単装砲二門を追加配置し、二十センチ砲戦力の低下を防ぐ。

次にこれらの改造の内容と改造後の状況を説明しよう。

イ、飛行甲板の一段化

基本的には既存の最上飛行甲板を延長することである。この改造により従来の百七十一・二メートルの最上段の飛行甲板は二百四十八・六メートルとなり、七十七メートル延長された。

なお飛行甲板の全幅は既存の三十・五メートルに変更はなく、艦首に向かうにしたがって幅は狭くなり、飛行甲板最前端の幅は十四・三メートルになっている。

延長された飛行甲板の下は同じく延長された二段の格納庫になっており、格納庫の最前端は艦首から二十五メートルの位置にある。そのためにこの位置から艦首までの飛行甲板は艦首甲板から組み上げられた四本の支柱により支持されている。

飛行甲板は後述する「赤城」の飛行甲板のように前後の傾斜はなく、全くの水平甲板となっている。また飛行甲板は全面鋼鈑構造であるが、飛行甲板前端から七十七メートル付近から後方に向かって百五十メートルは鋼鈑の上に幅二十センチ、厚さ四・五センチの松材（米松）の厚板が敷き詰められている。そしてそれ以外の甲板の前端と後端は特殊なすべり止めが塗装されていた。

㋺、飛行機格納庫の拡大

最上段の飛行甲板の延長により、既存の上段格納庫は艦首側に五十八メートル、中段格納庫は艦首側に三十八メートル延長された。ただ艦尾寄りに設けられてある狭い下段格納庫はそのまま使用されることになった。下段格納庫は分解された補用機用に使われたようで、その床面積からも完全な姿の機体を収容することは不可能であった。改造工事後の下段格納庫は従来どおり補用機用の格納庫や機材倉庫として使われたようである。

なお格納庫の延長工事に際し格納庫の一部については床面積を拡大するために壁面の変更なども行なわれ、搭載機の収容数の増加に努めている。

一段式飛行甲板に改造直後の一九三五年（昭和十年）時点での「加賀」の飛行機搭載数は、常用が九〇式艦上戦闘機十二機、八九式艦上攻撃機三十六機、九四式艦上爆撃機二十四機の合計七十二機で、他に補用として九〇式艦上戦闘機九機、八九式艦上攻撃機九機、九四式艦

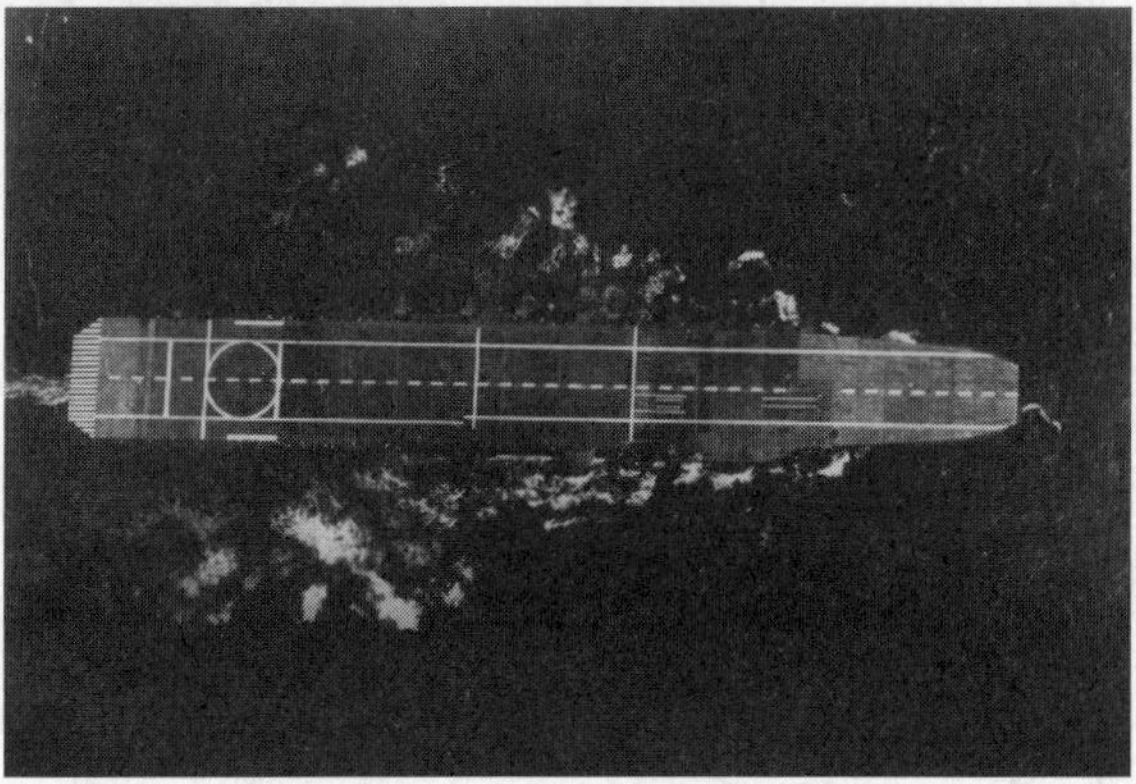

上空から見た近代化改造後の「加賀」

上爆撃機六機の二十四機を搭載し、合計九十六機という多段式飛行甲板時代の搭載機数に比較し一・六倍も増加している。

搭載機の数では当時世界最大の航空母艦であったレキシントンやサラトガも九十機であり、「加賀」は世界最大の艦載機搭載の航空母艦に変身したことになった。

「加賀」の改造工事が完了した直後からは、日本海軍の艦上機の開発は急速でより大型の飛行機が運用されるようになった。しかし主翼の折りたたみ構造の工夫はあったものの搭載機一機当たりの格納庫内での占有床面積が増し、搭載機の数は減少する傾向にあった。ちなみに太平洋戦争突入当時の「加賀」の搭載機数は、常用が零式艦上戦闘機十八機、九七式艦上攻撃機二十四機、九九式艦上爆撃機二十四機の六十六機で、補用機は各機種三機ずつの九機で、合計は七十五機と改造完了時に比較し減少している。

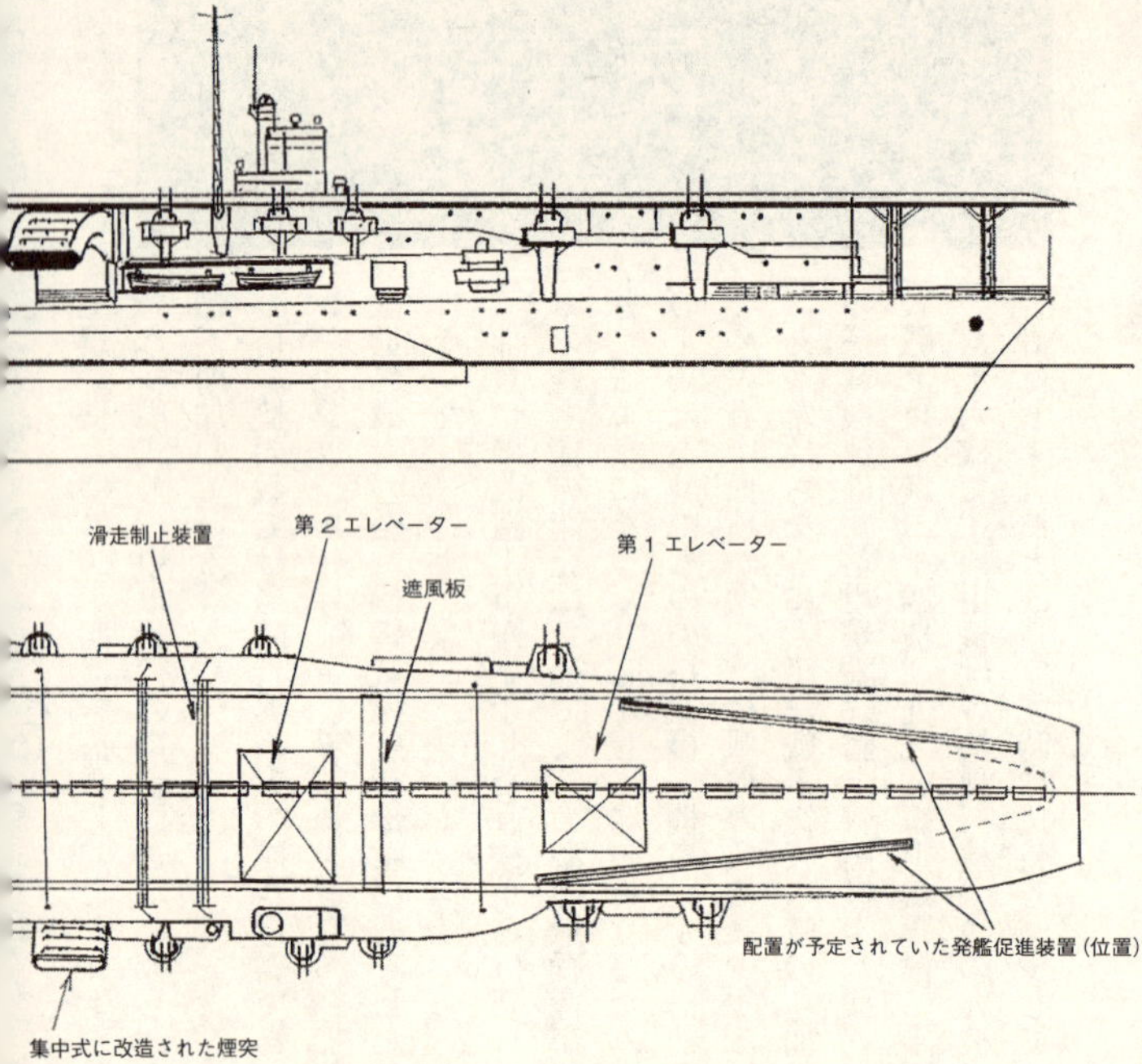
滑走制止装置
第２エレベーター
遮風板
第１エレベーター
配置が予定されていた発艦促進装置（位置）
集中式に改造された煙突

第23図　一段式飛行甲板航空母艦「加賀」

基準排水量	38200トン
全　　長	240.3m
全　　幅	32.5m
主 機 関	蒸気タービン
最大出力	127400馬力
最高速力	28.3ノット
兵　　装	20センチ砲10門
	12.7センチ高角砲16門
搭 載 機	60機（内補用機18機）
	但し1939年当時

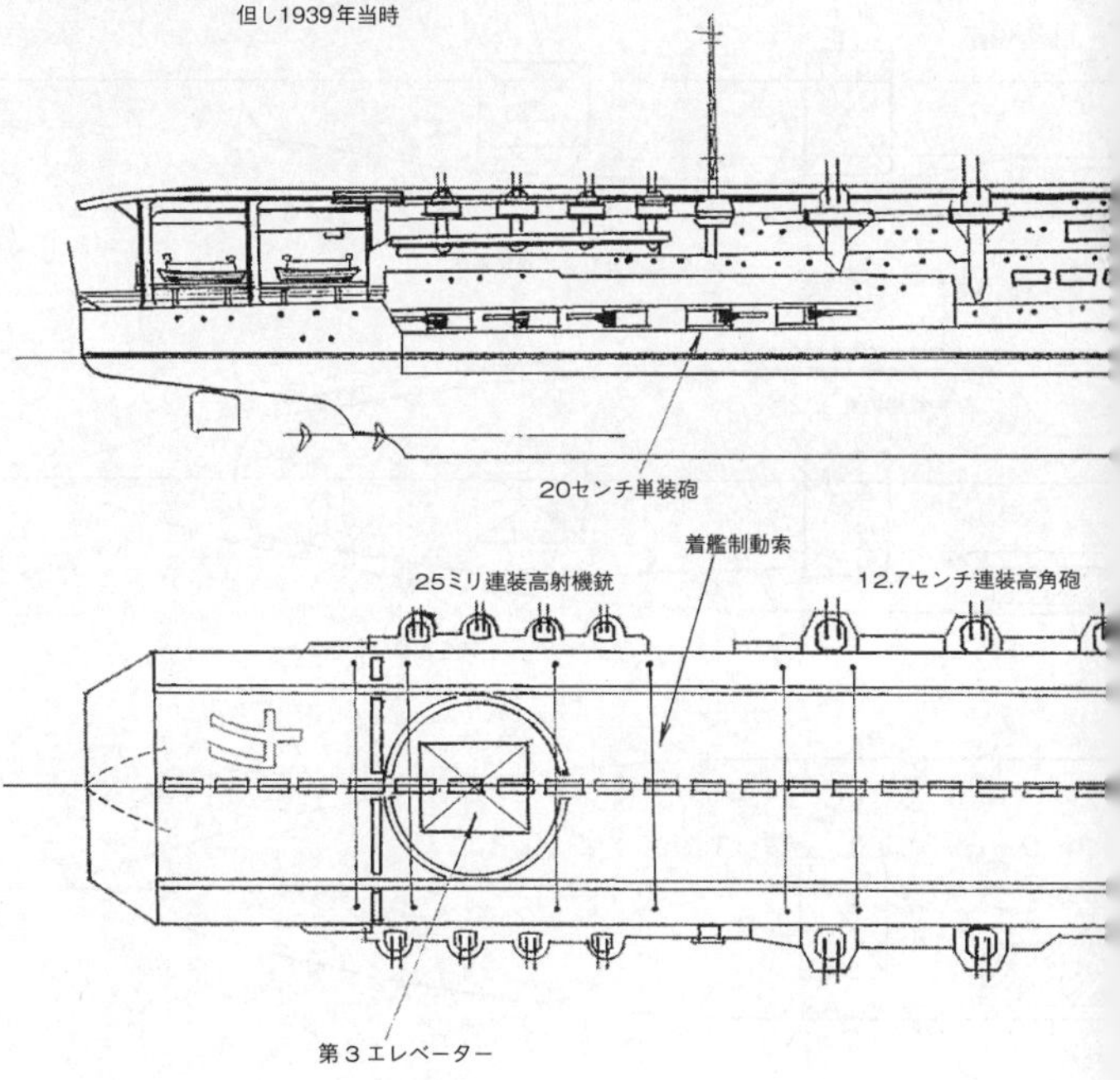

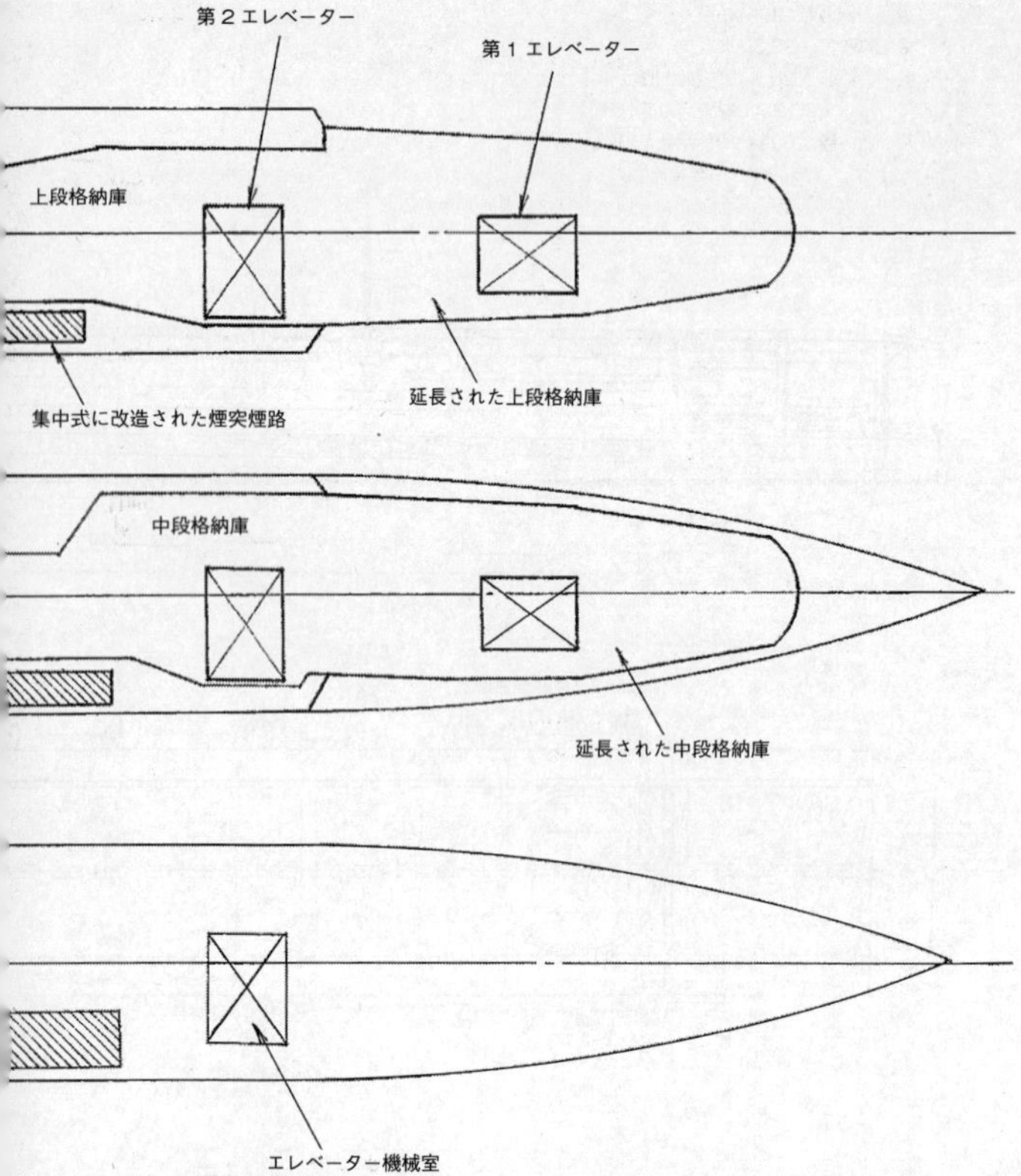
第２エレベーター
第１エレベーター
上段格納庫
延長された上段格納庫
集中式に改造された煙突煙路
中段格納庫
延長された中段格納庫
エレベーター機械室

第24図　一段式飛行甲板航空母艦「加賀」の格納庫平面図

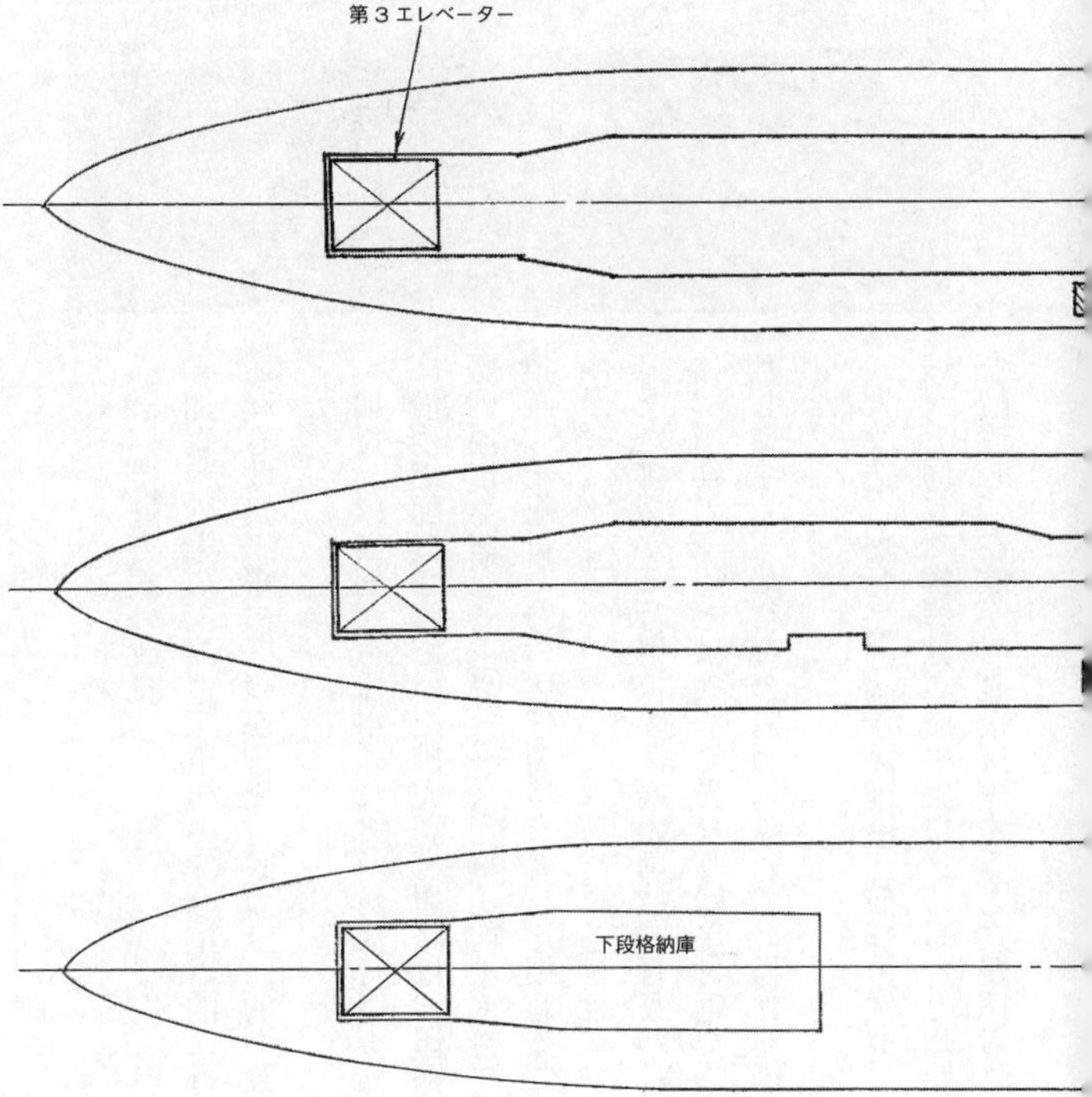

近代化後の「加賀」、煙路が改良されている

㈧、排煙方式の改良

「加賀」の大規模改造工事の中でも重点的に行なわれるべき改良工事の一つが排煙方式の全面的な改良であった。

「加賀」に当初から採用されていた飛行甲板両舷直下に沿って配置されていた排煙誘導煙路は、煙路周辺の艦内温度を著しく上昇させる（摂氏四十度台）結果を招き、乗組員たちの居住環境を著しく損ねることになった。

また排煙が飛行甲板の後端の両舷で行なわれるために、当初の予想とは大きく異なり艦尾付近での気流を乱しやすく、飛行機の着艦に際しての操作を困難にさせた。

大改造に際しこの誘導式排煙装置は撤去され、「赤城」と同じく排煙は右舷中央に集められた煙路に煙突を配置し、右舷から直接排煙する方式が採られた。そして煙突の先端も「赤城」と同様に下向きとし、煙突出口では海水の噴霧を行ない排煙温度を下げ、高温による気流の乱れを防止する方式が採用された。
ただし「加賀」の機関出力が「赤城」に比較して低いためにボイラー数も半数以下となって、煙突は「赤城」に比べて小型になった。

㊁、主機関の出力強化

完成当時の「加賀」の主機関はタービン機関四基で、アメリカ製のカーチス・ブラウン式タービン機関が採用されていた。機関出力は一基当たり二万二千七百五十馬力であった。しかし改造に際しこのタービン機関二基を撤去し、より高出力の国産の艦本式GT型タービン機関に換装した。この機関の出力は一基当たり三万九千七百五十馬力と、カーチス・ブラウン機関よりも出力は一万七千馬力も強化され、これにより改造後の「加賀」の機関総出力は竣工当時に比べ三万四千馬力アップすることになり、最高速力も改造以前より一ノット以上早い二十八・三ノットが確保できた。

㋭、船体の延長

大改造工事に際し「加賀」は艦尾を舵面中心位置より後方に、水線付近の船体を八メートル延長した。この延長は船体の推進効率を高めることになり、機関出力のアップとともに

第25図　航空母艦「加賀」の艦尾延長の様子

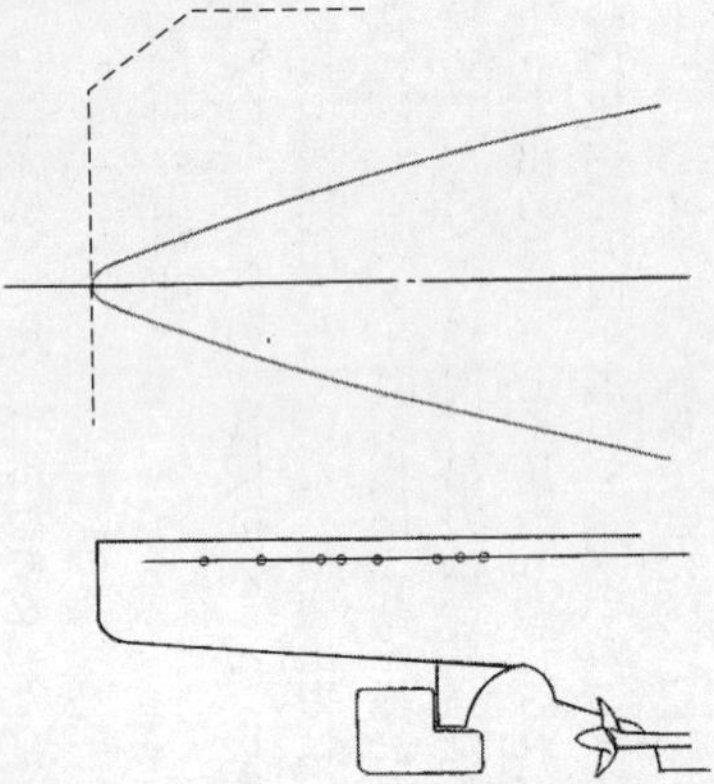
多段式飛行甲板当時の加賀の艦尾

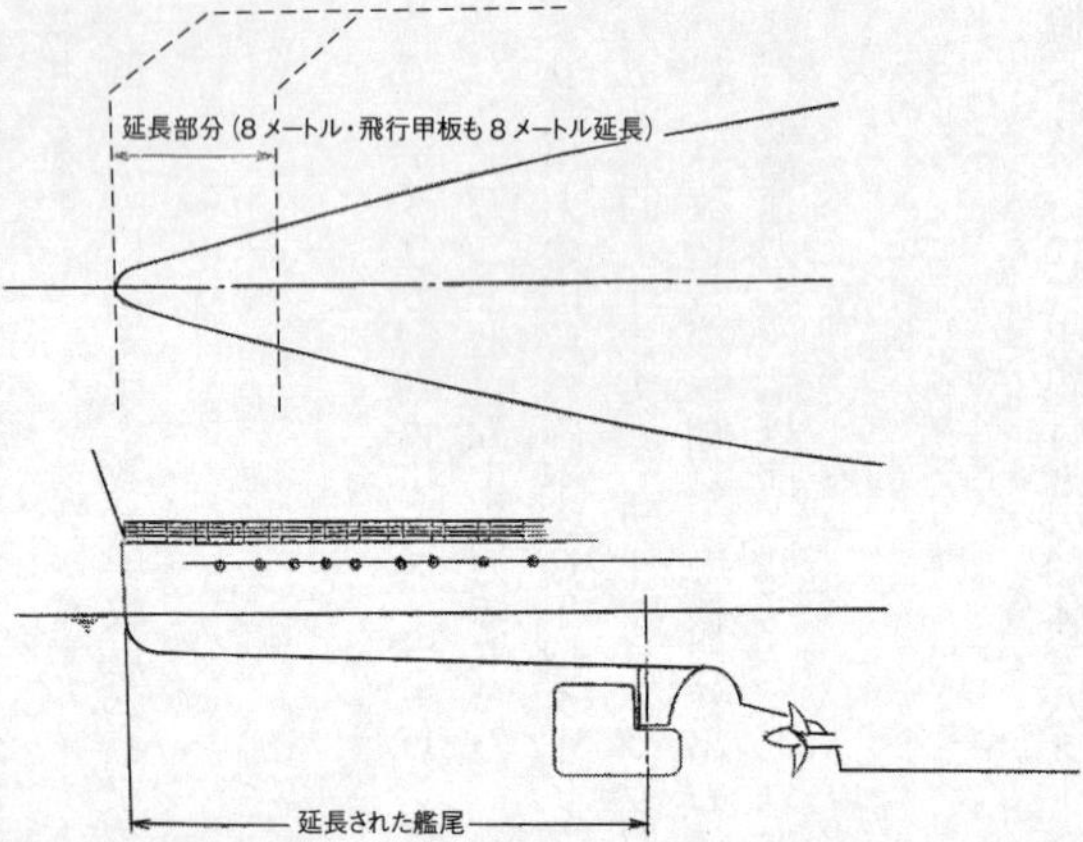

着艦作業中の「加賀」、機体は九六式艦戦

「加賀」の速力の増加に貢献することになった。

㈬、エレベーターの増設

多段式飛行甲板当時の「加賀」のエレベーターは、最上飛行甲板の前部と後部にそれぞれ一基ずつの二基であったが、改造にともなう飛行甲板の延長によりエレベーターを一基増設した。

当初のエレベーターはそのまま使われ、既存の前部エレベーターの三十六メートル艦首寄りにもう一基のエレベーターを配置した。

このエレベーターは飛行甲板中心線よりやや右舷寄りに配置され、主に着艦機の格納庫への収容に使われることになった。これら三基のエレベーターの規模は次のとおり。

最前部第一エレベーター　幅十一・五メートル、長さ十一・五メートル

中央部第二エレベーター　幅十五メートル、長

さ十・九メートル
最後部第三エレベーター　幅九・九メートル、長さ十二・六メートル
中央エレベーターは最大寸法の九七式艦上攻撃機であれば、主翼を展伸したままでの使用が可能であった。

Ⓣ、艦橋の新設

改造後の「加賀」には飛行甲板に新しく艦橋構造物が設けられた。艦橋の位置は飛行甲板の右舷で、飛行甲板の全長の艦首からおよそ三分の一に設けられた。

艦橋が存在しても飛行甲板上の気流の乱れを極力減少させるように、構造は極めてコンパクトに作られ、そして飛行甲板の右舷よりやや張り出した位置に設けられた。これは着艦する飛行機のパイロットへの障害物意識を極力避けるための配慮でもあった。

前述したとおり艦橋は三層構造で、一層目は飛行科作業員の待機所と作戦室、二層目は操舵室と飛行機発着艦指揮所、三層目は羅針艦橋（航海艦橋）となっていた。

Ⓒ、主砲の撤去と対空火器の増設

竣工当時の「加賀」の砲戦力は二十センチ砲十門（連装二基、単装六門）、十二センチ高角砲十二門（連装六基）であった。

大改造に際し第二飛行甲板にあった二十センチ連装砲塔は撤去されたが、砲数を減らさないという条件から、船体後部の既存の二十センチ単装砲の前方に、新たにケースメートに装備された二十センチ単装砲を片舷各二門ずつ装備することになり、二十センチ砲戦力の変更はなかった。

一方高角砲は交換・増設された。竣工当時の「加賀」に搭載されていた高角砲は一九二一年（大正十年）に正式採用された、十年式四十五口径十二センチ連装高角砲六基で、片舷三基の砲座にそれぞれ一基ずつ装備された。

この砲は発射速度が毎分十一発（手動装填式）で、砲座の旋回はモーターで行なわれ旋回速度は毎秒十度、俯迎角変更速度は毎秒六・五度であった。

この当時の攻撃機の最高速力は一三式艦上攻撃機で時速百八十キロ前後であり、この程度の高角砲の操作速度でも十分に対応できるものと判断されていた。しかし「加賀」の竣工から五年後の一九三三年当時の飛行機は著しく進化しており、攻撃機の最高速力は時速二百八十キロを超えるものとなっていた。しかも大改造工事終了から二年後には艦上攻撃機の最高速力は時速三百五十キロを超えていた。一九三三年の時点でもはや十年式高角砲では対応不可能になっていたのである。

このために大改造工事に際し対空火力の増強が図られ、高角砲は当時最新型の八九式四十口径十二・七センチ連装高角砲に換装された。しかもそれまでの連装六基を連装八基に増強

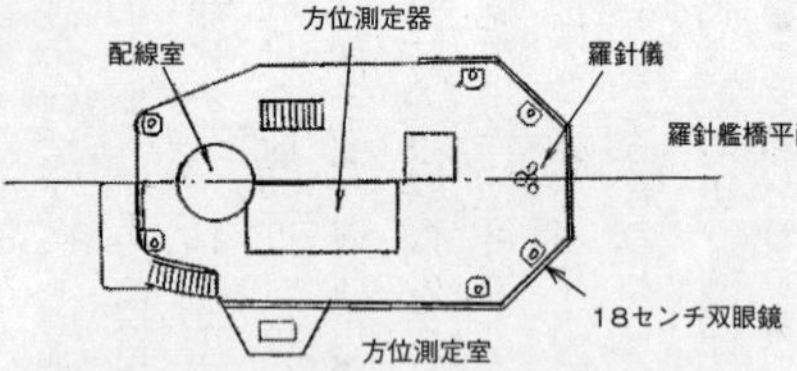

羅針艦橋平面図

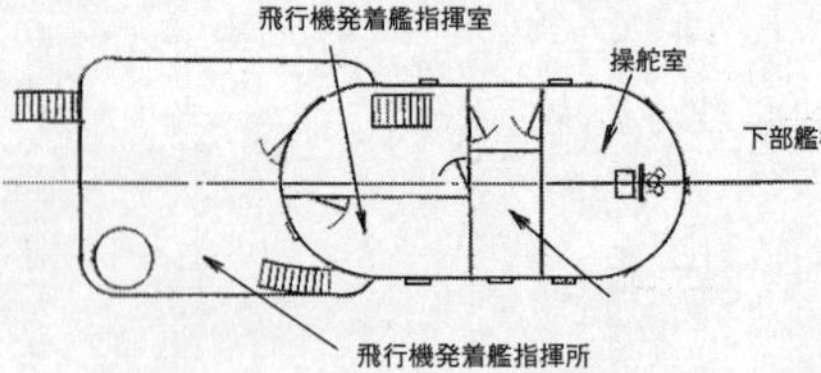

下部艦橋平面図

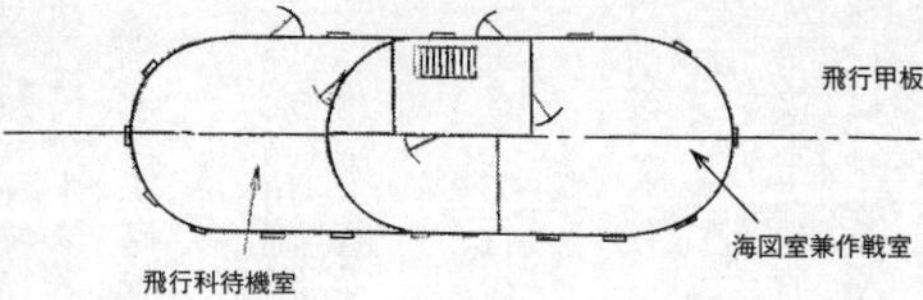

飛行甲板艦橋平面図

第26図　航空母艦「加賀」の艦橋平面図

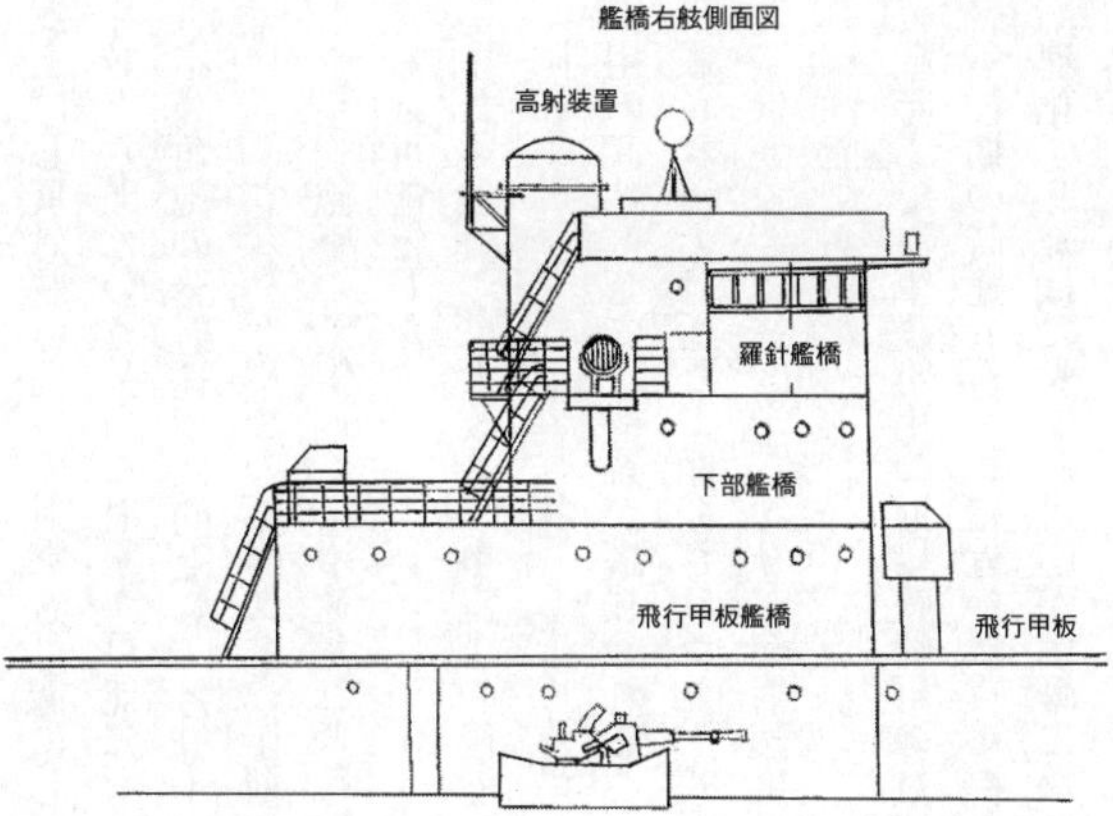

新造当時「加賀」に装備された12センチ高角砲

し（片舷各四基配置）、合計十六門とした。

しかもこれら新しく装備された高角砲は、砲座を嵩上げし反対舷方向への射撃も可能にしたために、片舷十六門という強力な射撃が可能になった。

本高角砲の発射速度は向上し、毎分十四発（手動装填式）となり、砲座の旋回速度や俯迎角操作速度も十年式砲座の二倍近くに増速され飛行機の高速化に対応可能とした。

また「加賀」は大改造工事完了の後の一九三七年（昭和十二年）に、近接攻撃してくる敵攻撃機の要撃用の武装として、機銃が搭載されることになった。搭載されたのは新たに開発された九六式二十五ミリ連装機銃で、口径二十五ミリ、発射速度は一分間二百二十発、有効射程二千五百メートルという性能であった。

この九六式二十五ミリ機銃はその後、終戦時まで海軍艦艇用の近接戦闘用の対空火器として使われることになった。しかし太平洋戦争後期の時速五百キロに近い敵攻撃機の速度に対し、一秒当たり三・七発の射撃速度では高速化する敵機に対する対応が困難になり、この近

「加賀」に続いて近代化された「赤城」

接戦闘用の火器の開発の遅れは日本陸海軍の兵器の大きな弱点となったが、終戦まで改善されることはなかった。

航空母艦「赤城」の大改造の概要

航空母艦「赤城」の一段飛行甲板への改造は「加賀」に二年遅れて一九三五年（昭和十年）十一月に、「加賀」と同じく佐世保海軍工廠で開始され、一九三八年（昭和十三年）九月に完成した。

「赤城」の一段飛行甲板化に向けての大改造は「加賀」にほぼ準じて行なわれたが、若干の違いはある。次に「赤城」の大改造の具体的内容について説明する。

㋑、飛行甲板の一段化

「赤城」も「加賀」と同じく既存の最上段の飛行甲板を艦首方向に延長した。これにより飛行甲板の長さは二百四十九・二メートルとなり、全幅は最大幅三十・五メートルに改造された。

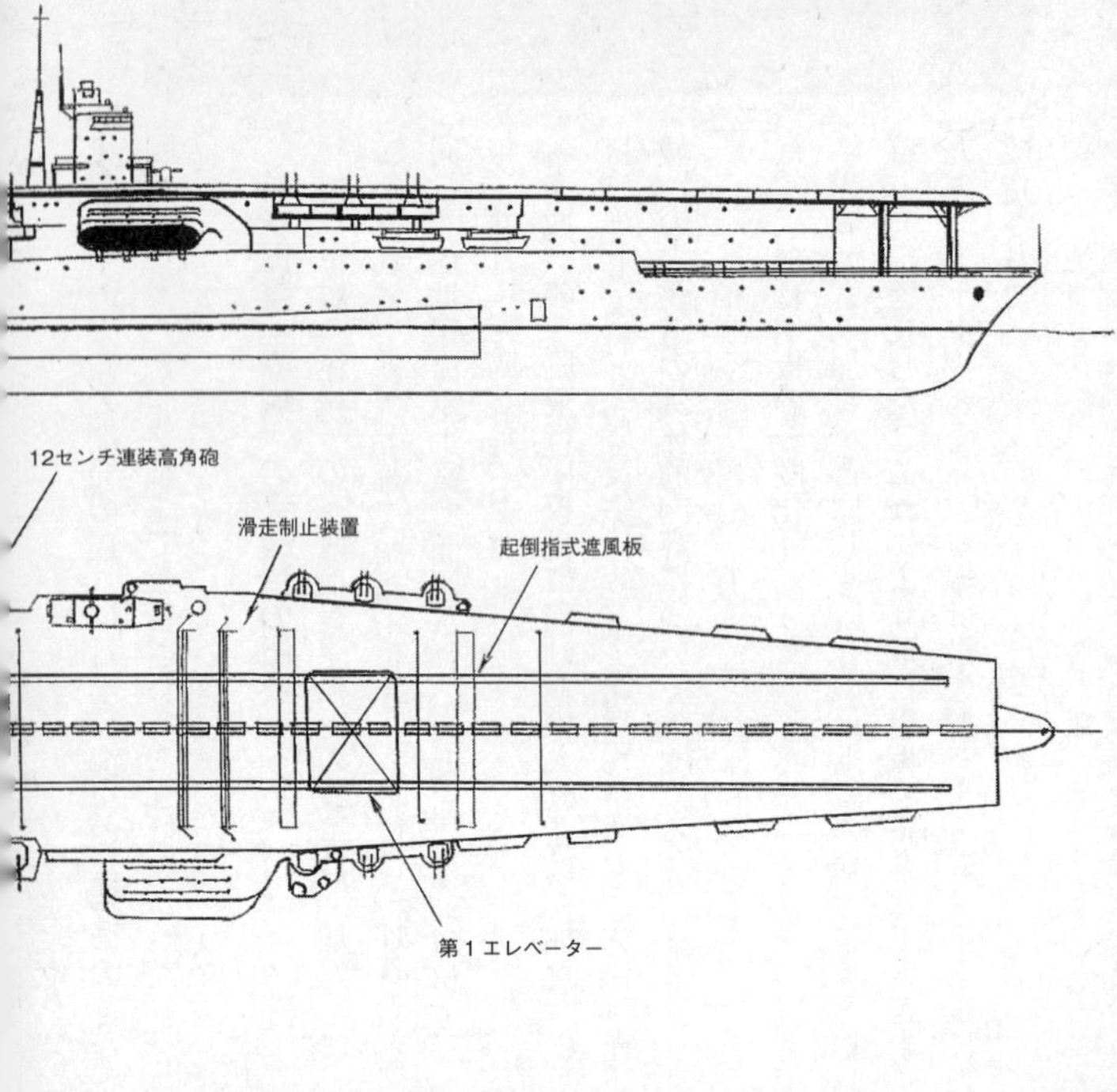
12センチ連装高角砲
滑走制止装置
起倒指式遮風板
第１エレベーター

第27図　一段式飛行甲板航空母艦「赤城」

基準排水量	36500トン
全　　長	250.36m
全　　幅	31.32m
主 機 関	蒸気タービン
最大出力	133000馬力
最高速力	32.1ノット
兵　　装	20センチ砲6門
	12センチ高角砲12門
搭 載 機	91機（内補用機25機）
	但し1939年当時

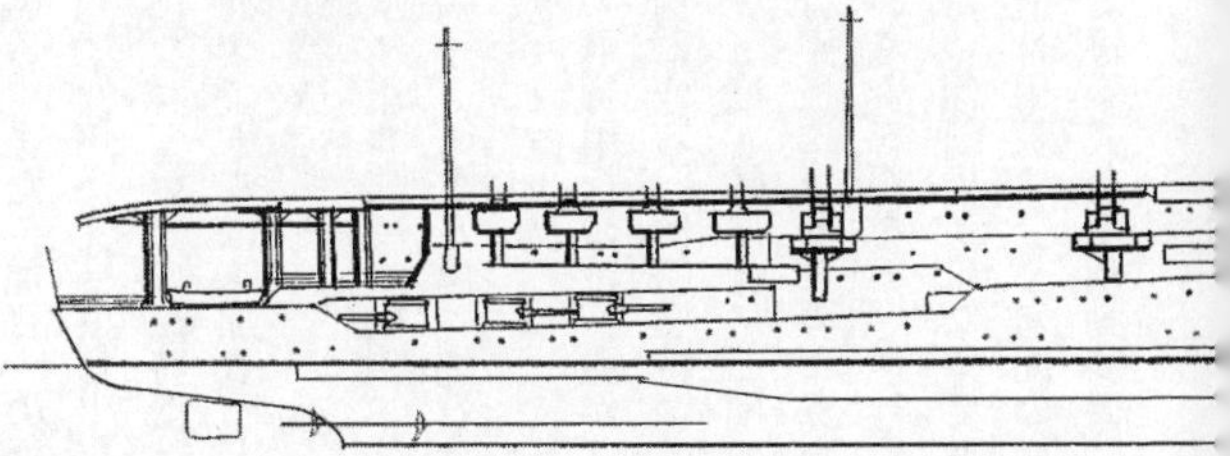

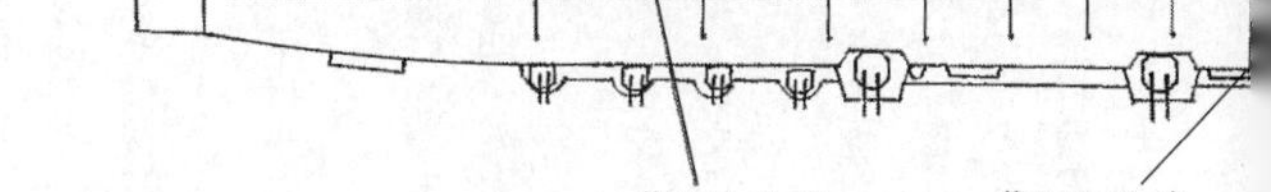

ただ「加賀」の飛行甲板が船体の全長より長いのに対し、「赤城」では船体の長さよりも飛行甲板が多少短くなっている。また「加賀」の飛行甲板の平面形が艦首方向がやや先細りした長方形であるのに対し、「赤城」では飛行甲板の中央部に最大幅を持たせ前後に向かってやや幅が細められた形状になっているのが特徴となっていた。

飛行甲板は最先端から十九メートルは「加賀」と同じく艦首甲板から立ち上げられた支柱によって支えられているのが特徴である。

飛行甲板は前端から六十メートルまでは鋼鈑にすべり止めを塗装した表面になっており、そこから艦尾に向かって百六十メートルは「加賀」と同じく鋼鈑の上は厚さ四・五センチ、幅二十センチの松の厚板が敷かれていた。

側面から眺めた「赤城」の飛行甲板には特徴があった。それは飛行甲板の中央やや前方に頂点があり、艦首側と艦尾側にゆるい傾斜を持つ「へ」の字型の構造になっていたことである。この傾斜は艦首側に一・五度、艦尾側に二度の傾斜となっている。

本来は水平であるべき飛行甲板になぜこのような傾斜がついているのか、その理由については確たる説明がなされている資料がない。飛行甲板の傾斜については例えば、艦尾に向けて舷側は装甲鈑とともにゆるい傾斜構造になっており、飛行甲板はこの傾斜に合わせて組み上げられたとする説、また飛行甲板に登り勾配の傾斜を付けることにより、飛行機の着艦後の速力が減速される、とする縦索式着艦制動装置時代の勾配をそのまま踏襲し、また艦首側

改装で艦橋が左舷中央に置かれた「赤城」

への傾斜は発艦する飛行機に対し下り勾配によって発艦速度を高めるための対策である、とする説などがある。

㋺、飛行機格納庫の拡大

「赤城」の飛行機格納庫も「加賀」と同様に、既存の上段と中断の格納庫は飛行甲板の延長により艦首方向に拡大された。

ただ「加賀」の場合と違い「赤城」の飛行機格納庫の平面形状は凹凸の多い複雑な形状をしており、本来の上段と中段の格納庫は多数の飛行機を収容するには適した構造にはなっていなかった。別図に「赤城」の改造後の上・中・下段の各格納庫の平面図を示すが、とくに中段格納庫は部分的には幅が十二メートル程度しかなく、格納庫というよりも前後のエレベーターへの飛行機の移動用通路というほどの狭い場所も存在した。この設計は航空母艦に対する設計思想がまだ完成していなかったことを示すものとも受け取れる。

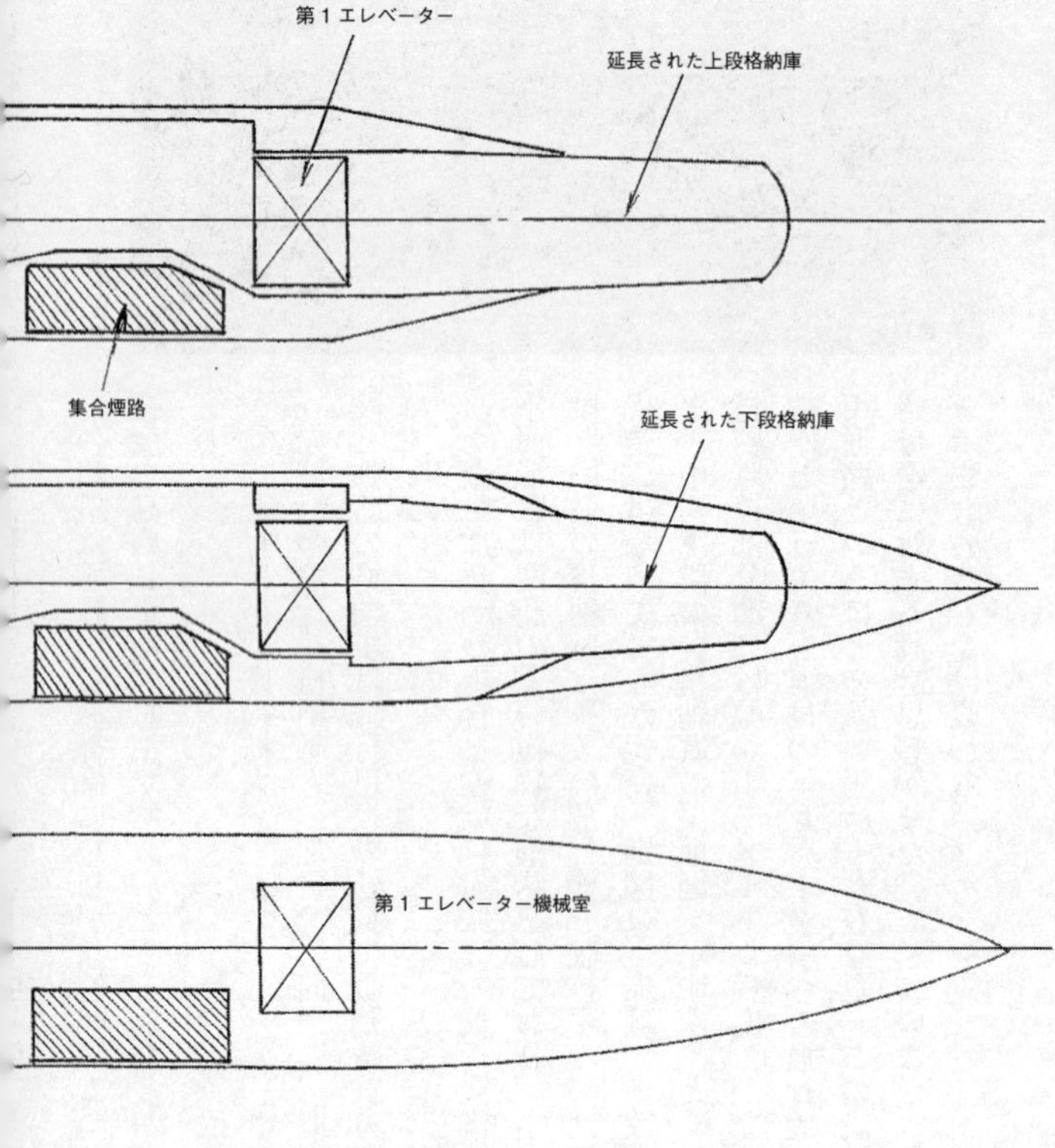
第１エレベーター
延長された上段格納庫
集合煙路
延長された下段格納庫
第１エレベーター機械室

第28図　一段式飛行甲板航空母艦「赤城」の格納庫平面図

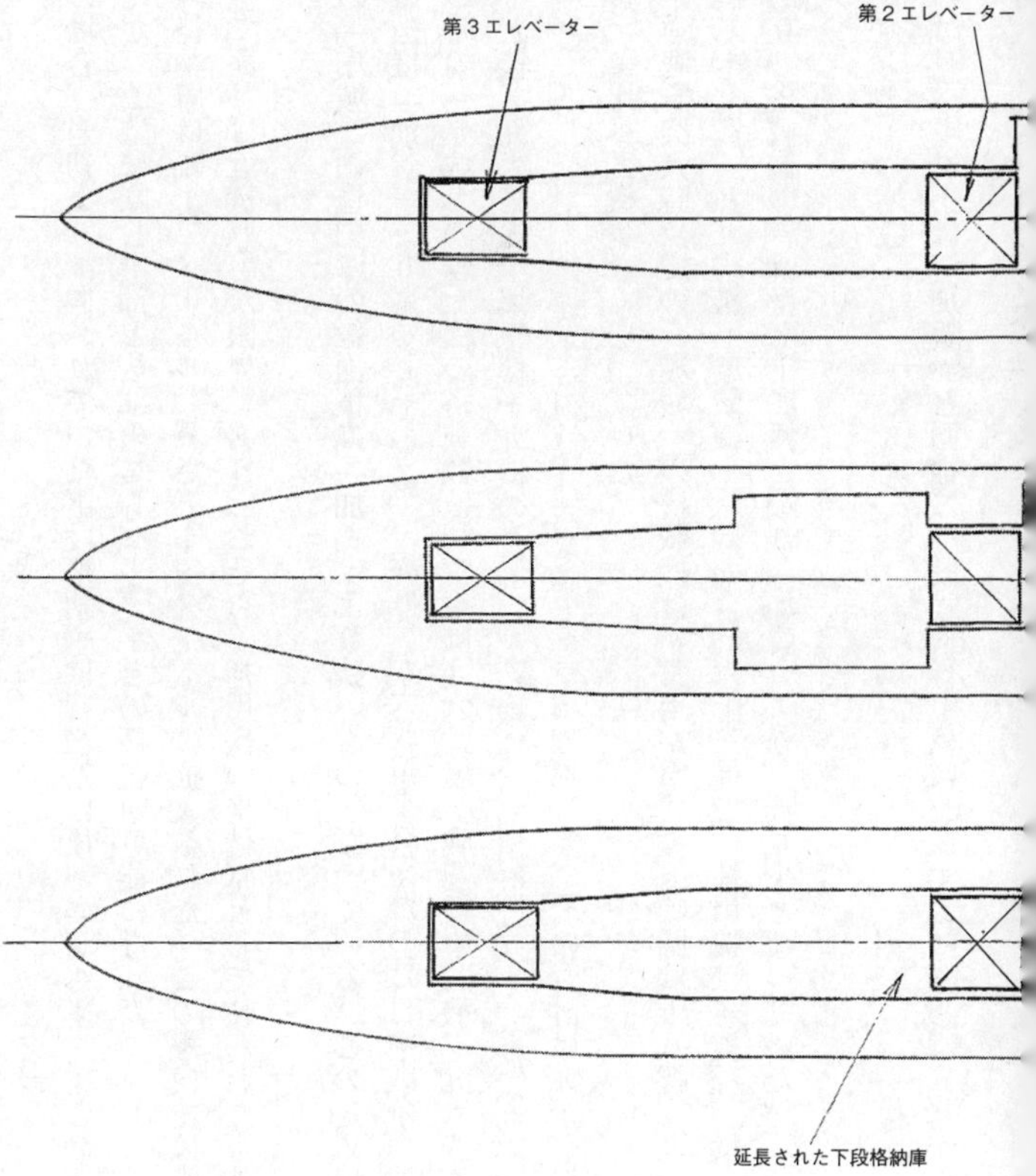

「赤城」の場合、当初より配置されていた下段格納庫は、当初は後部エレベーターとのみ接続していたが、改造に際し中部と後部のエレベーターとの接続が可能になった。

この下段格納庫は幅十二メートル、長さ五十三メートルに拡大された。この規模では零式艦上戦闘機であれば五機収容が限界であり、おそらく補用機の格納庫として使われた可能性がある。

改造後の「赤城」の格納庫の総面積は「加賀」より狭いものとなっている。このために飛行機の搭載数は「加賀」より減少している。「赤城」が大改造を終えたのは日中戦争中期の頃で、この時の「赤城」の艦上機の搭載数は、常用は九六式艦上戦闘機十二機、九六式艦上攻撃機三十五機、九六式艦上爆撃機十九機の合計六十六機で、補用機は二十五機(九六式艦上戦闘機四機、九六式艦上攻撃機十六機、九六式艦上爆撃機五機)で、その合計は九十一機となり「加賀」に比べ五機少なくなっていた。

なお太平洋戦争突入時点での「赤城」の搭載機は、常用が零式艦上戦闘機十八機、九七式艦上攻撃機二十七機、九九式艦上爆撃機十八機の合計六十三機で、補用機は各機種三機の合計九機であり、搭載機の合計は七十二機となり「加賀」より三機減少となっていた。

㈧、エレベーターの増設

「赤城」のエレベーターは「加賀」と同様に一段式飛行甲板に改造するに際し、二基から三

コンパクトにまとめられた「赤城」の艦橋

基に増設された。既存の後部エレベーターはそのまま残されたが、既存の前部エレベーターは撤去され、その代わりに飛行甲板中央部に一基と前部に一基が設けられた。いずれも飛行甲板の中心線上に配置された。

最前部のエレベーターは最大規模のもので、長さ十二・七メートル、幅十九・四メートルであり、当時日本最大規模の産業用のエレベーターであった。これは着艦した艦上攻撃機でも主翼を広げたまま直ちに下の格納庫に収容できることになり、着艦作業の効率化に貢献するものであった。

なお中央部のエレベーターの規模は幅も長さも十二・二メートルであった。

㈡、艦橋の新設

「加賀」と同様に「赤城」も一段式飛行甲板に改造した時点で飛行甲板舷側に艦橋を新設した。ただ「加賀」とは違い「赤城」の艦橋は飛行甲板の中央部左舷に設置さ

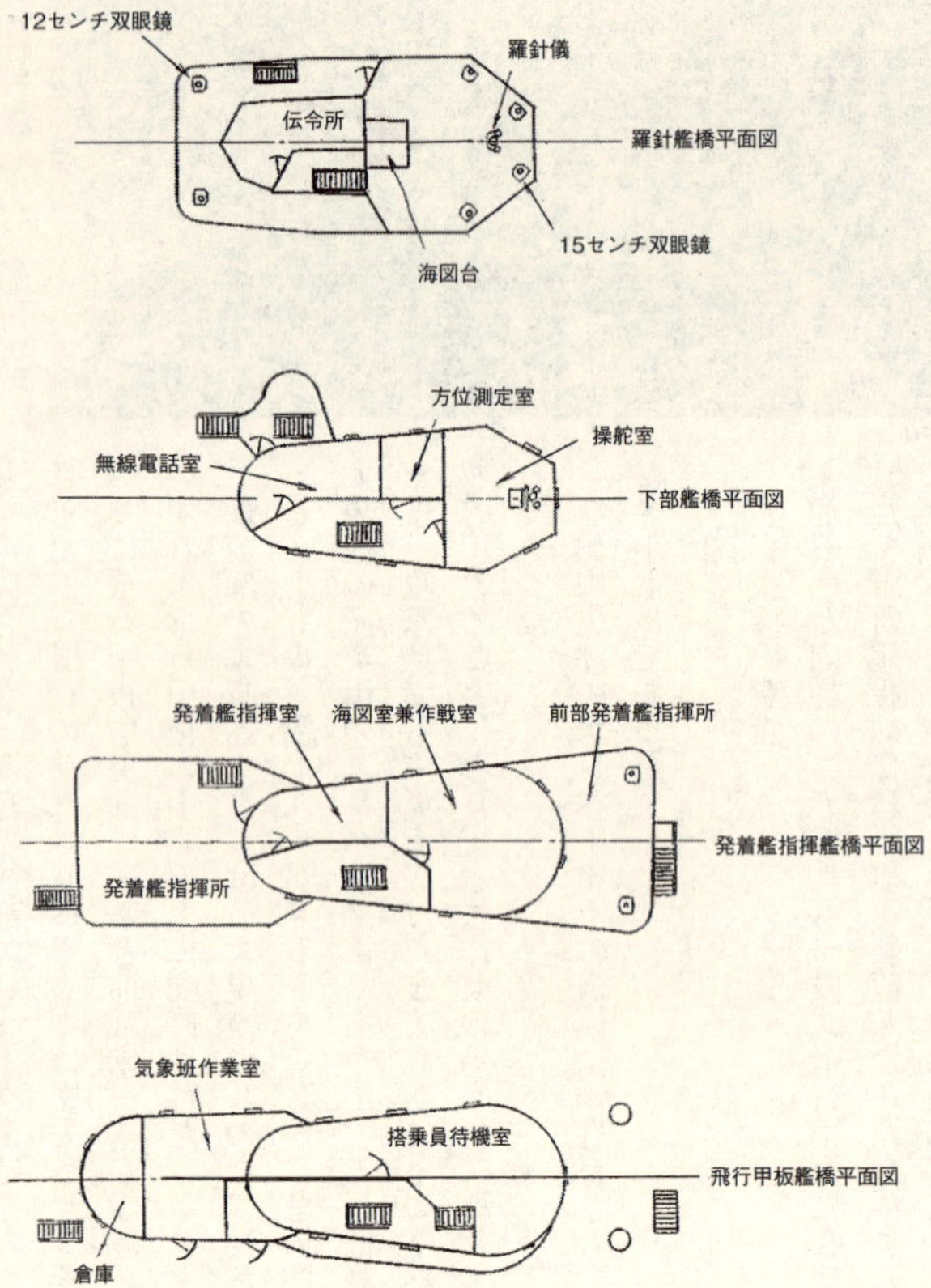
12センチ双眼鏡
羅針儀
伝令所
羅針艦橋平面図
15センチ双眼鏡
海図台
方位測定室
操舵室
無線電話室
下部艦橋平面図
発着艦指揮室
海図室兼作戦室
前部発着艦指揮所
発着艦指揮艦橋平面図
発着艦指揮所
気象班作業室
搭乗員待機室
飛行甲板艦橋平面図
倉庫

第29図　航空母艦「赤城」の艦橋平面図

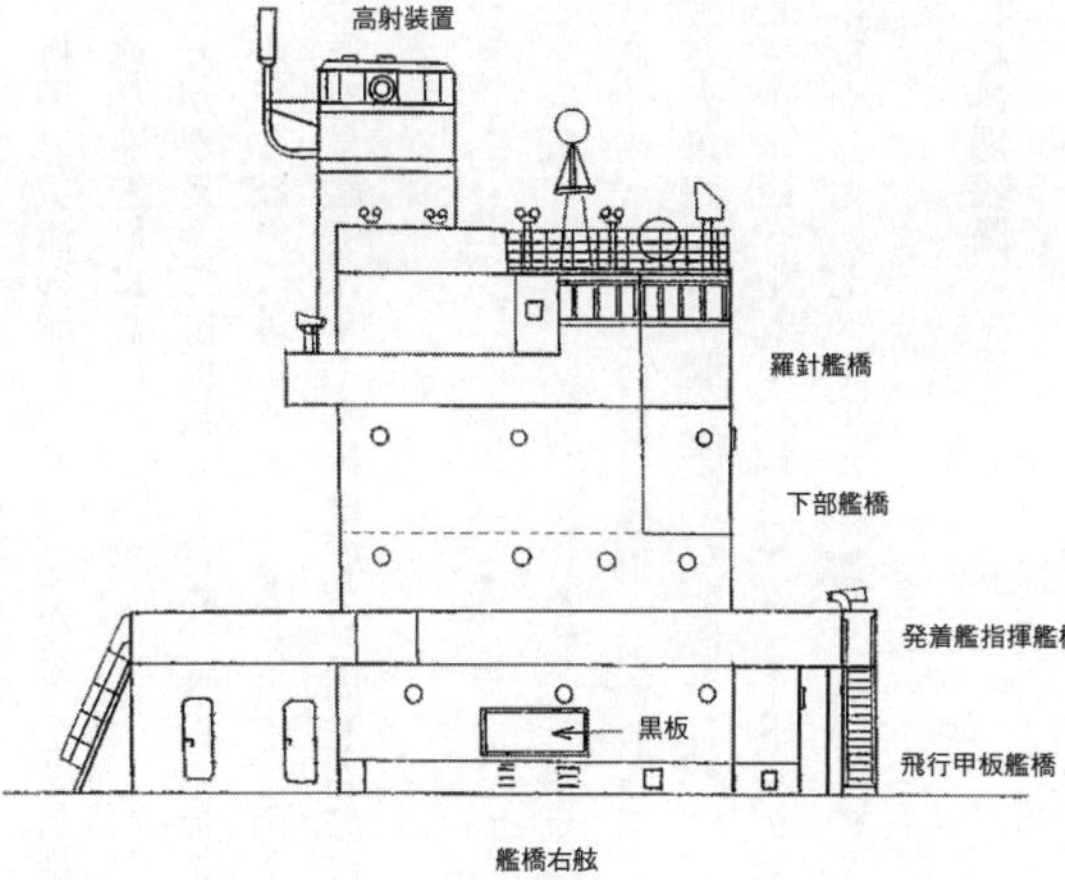

れた。これは「赤城」を一段式飛行甲板に改造する際に、「赤城」の船体中央部右舷に配置された巨大な煙突との重量バランスを取るために、左舷中央部に艦橋を設けたことと、煙突と同じ右舷に艦橋を設けることがかえって排煙の気流の流れを乱し、着艦する飛行機の操作を困難にする可能性があると考え、あえて艦橋を左舷に設けたとされている。

しかし結果的には艦橋を左舷に設けたことがかえって排煙気流を含め、飛行甲板後部での気流の乱れを生じさせることになった。艦橋を左舷に設けようとする考え方が採用された航空母艦には他に「飛龍」があるが、以後の航空母艦では全て艦橋は煙突と同じ右舷に配置されることになった。

「赤城」に新設された艦橋は、「加賀」の経験と右舷の巨大な煙突とのバランスから四層と拡大されている。一層目は搭乗員待機室と気象班作業室、二層目は発着艦飛行機指揮所と作戦室、三層目は操舵室と無線室および方位測定室、四層目は羅針艦橋（航海艦橋）となっている。そして羅針艦橋の後部上方には主砲と高角砲の射撃測定装置が配置された。

艦橋の平面寸法は最大面積の一層目は長さ十・四メートル、幅三・五メートルと極めてコンパクトで、艦橋四層目の天井の高さは甲板から七・七メートルと極めて低いものであった。

改造後の「赤城」と「加賀」に設置された各種装備

㋑、横索式着艦制動装置

第30図　横索式着艦制動装置概念図

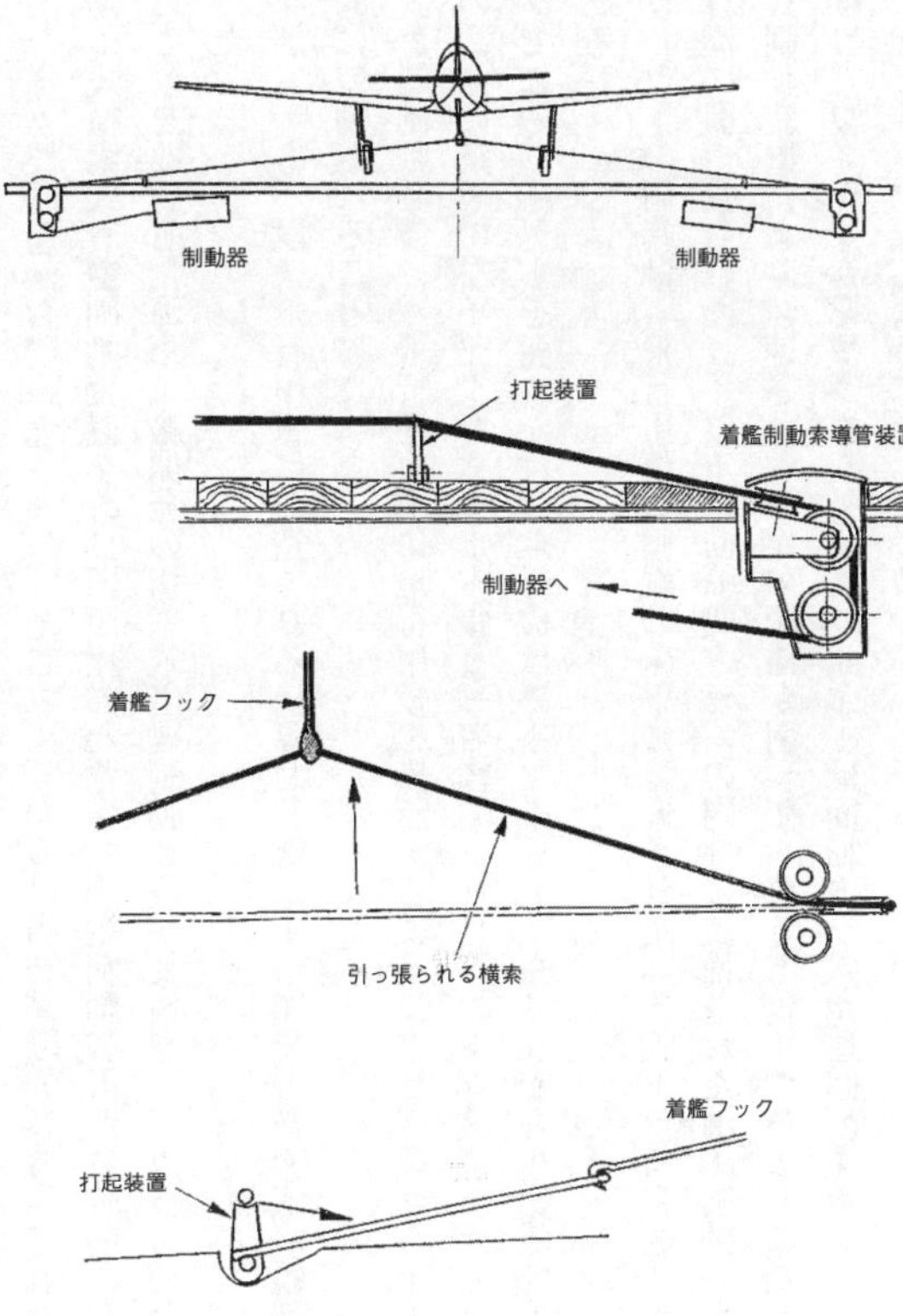

「赤城」も「加賀」も竣工当時に装備されていた着艦制動装置は縦索式着艦制動装置であったが、機能的な様々な問題から、一九三一年(昭和六年)からは当初試験的に導入されたフランスのフュー式横索式着艦制動装置を改良国産化した萱場式着艦制動装置が試験的に装備され、さらにこれを改良した海軍工廠開発の横索式着艦制動装置が装備され、以後も使われることになった。

「赤城」も「加賀」も一段式飛行甲板に改造されるに際し、海軍工廠開発の横索式着艦制動装置が本格的に装備されることになった。

この横索式着艦制動装置は、飛行甲板上に飛行甲板を横断するように飛行甲板から十五〜二十センチの高さに鋼製のワイヤーを六〜十本張り、着艦する飛行機の胴体後部下から垂らされたフックでこのワイヤーを引っかけ、飛行機はワイヤーを引っ張りながら短距離で停止する装置である。

張られたワイヤーの両端は、飛行甲板の両端の床下に装備された回転式ドラムに巻き付いており、飛行機に引っ張られたワイヤーは回転式ドラムの内部に装備された油圧制動装置あるいは電磁式制動装置により減速され、一定の距離が引っ張られると停止するようになっている。また伸びたワイヤーからフックを外すとワイヤーは回転ドラムが逆回転することによって自動的に元の位置に戻るようになっている。

このワイヤーの制動方法には油圧式と電磁式があるが、海軍工廠式の制動装置には電磁式が採用されていた。そして制動可能な機体の重量は四トン強であり、太平洋戦争勃発時の最大重量の九九式艦上爆撃機の重量は三トンであったために、着艦時の停止は十分に可能であった。

飛行甲板に張られた横索の数は航空母艦の規模により様々であるが、「赤城」は十本、「加賀」は八本であった。横索が張られる位置は飛行甲板の後端から二十六メートル付近に最初の横索が張られ、艦橋付近までほぼ等間隔で張られた。

㋺、滑走制止装置

着艦フックを引っかけ損なった飛行機は飛行甲板を前方に驀進してくるが、このような飛行機を強制的に停止させるための制止索が準備されていた。一般的には艦橋付近から飛行甲板前方にかけて二ヵ所または三ヵ所設けられた。

制止索の構造はテニスコートのネットを連想させるもので、飛行甲板の両端に配置された起倒式の支柱に三〜四本の鋼製の横索を張ったものである。最上段の横索の高さは日本海軍の場合は飛行甲板から二・八メートルであった。

暴走してきた飛行機はこの制止装置の横索に当たると、支柱を倒しながら横索は着艦制動索の横索のように一定距離に伸びて停止する。支柱に張られた横索も着艦制動索の横索と全く同じ装置によって準備されており、伸びと停止と戻りの作用で暴走飛行機に大きな損傷を

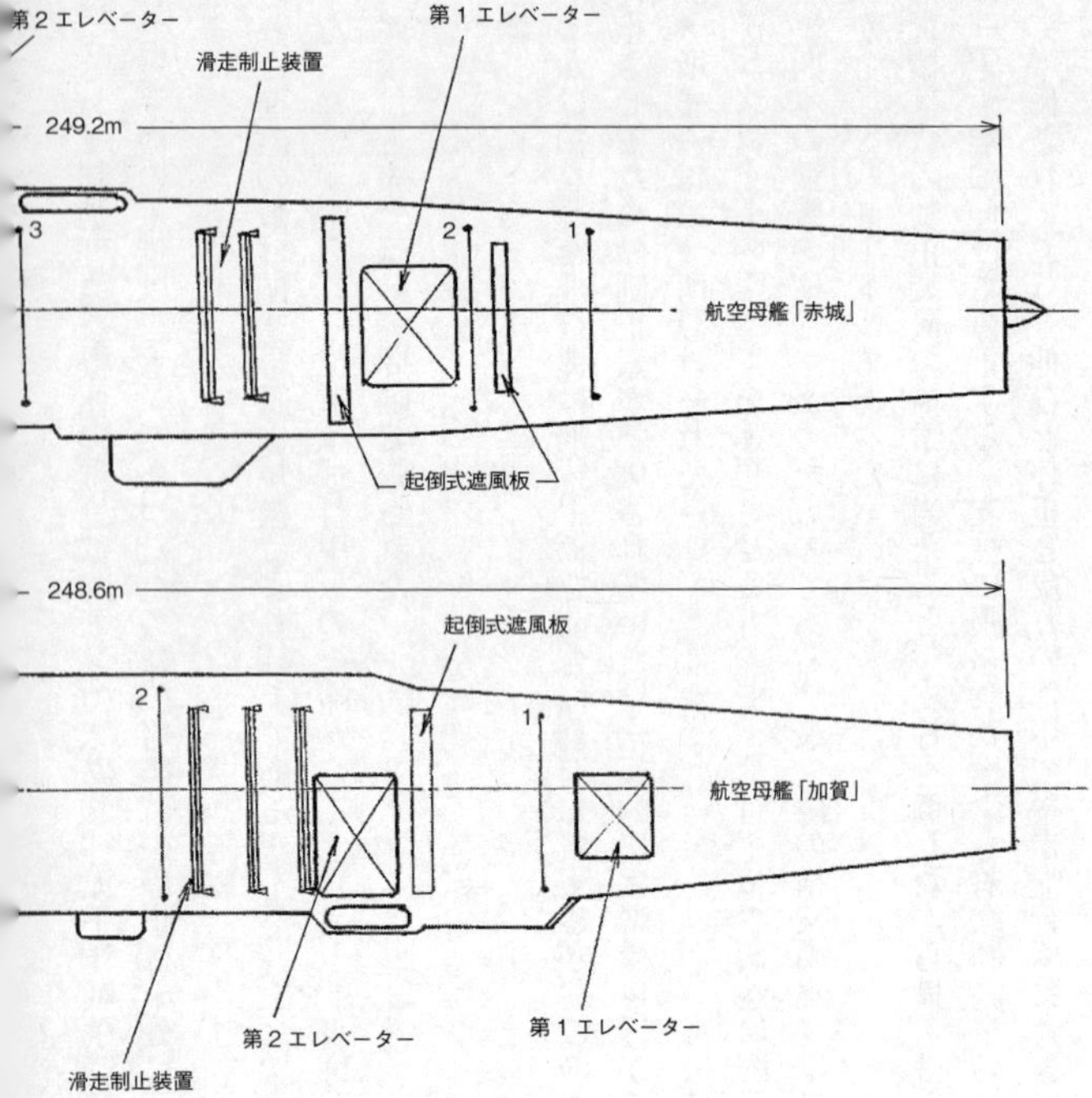
第2エレベーター
第1エレベーター
滑走制止装置
249.2m
3
2
1
航空母艦「赤城」
起倒式遮風板
248.6m
起倒式遮風板
2
1
航空母艦「加賀」
第2エレベーター
第1エレベーター
滑走制止装置

第31図　航空母艦「赤城」と「加賀」の
着艦制動索・滑走制止装置の配置図

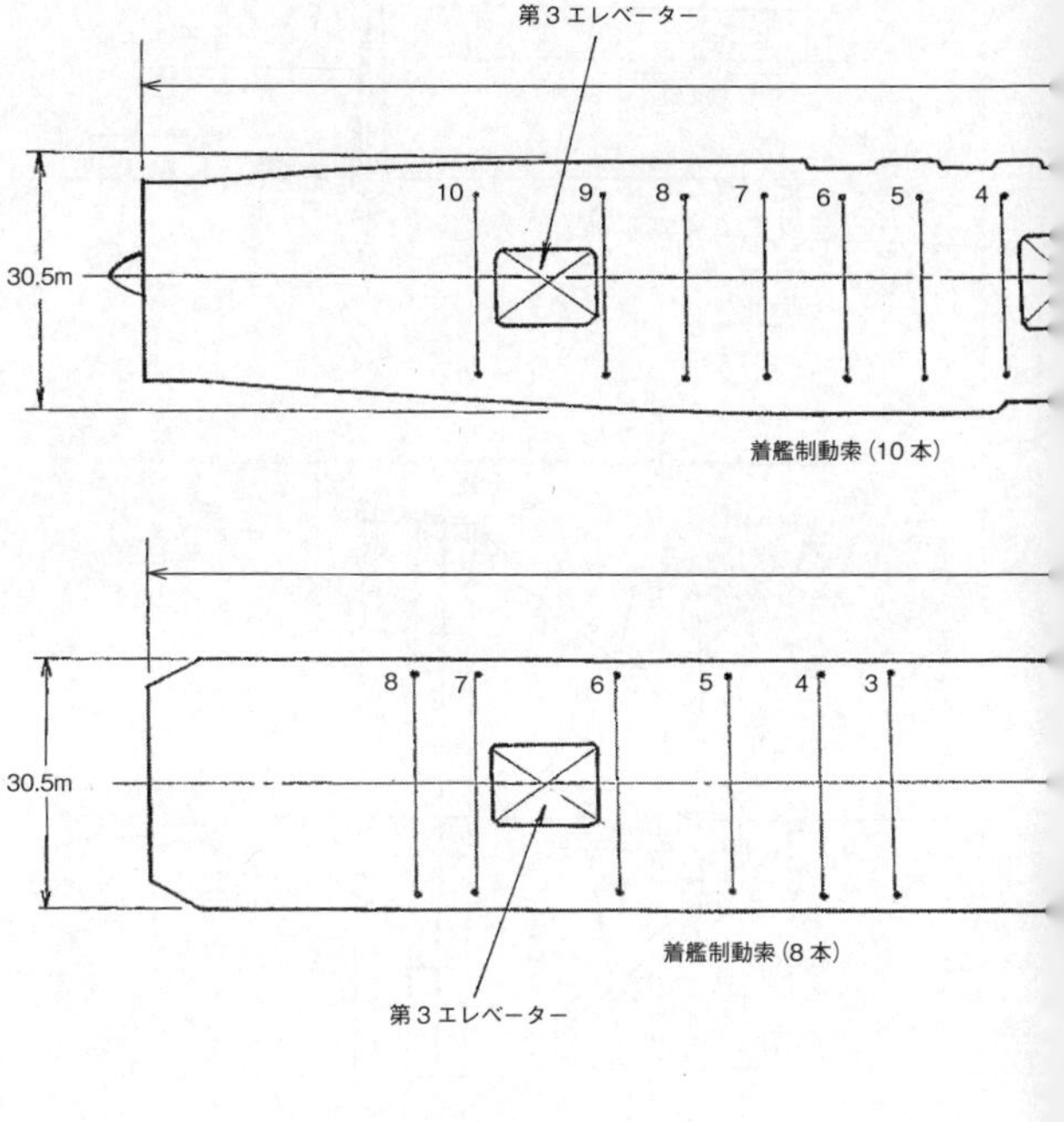

第32図　滑走制止装置

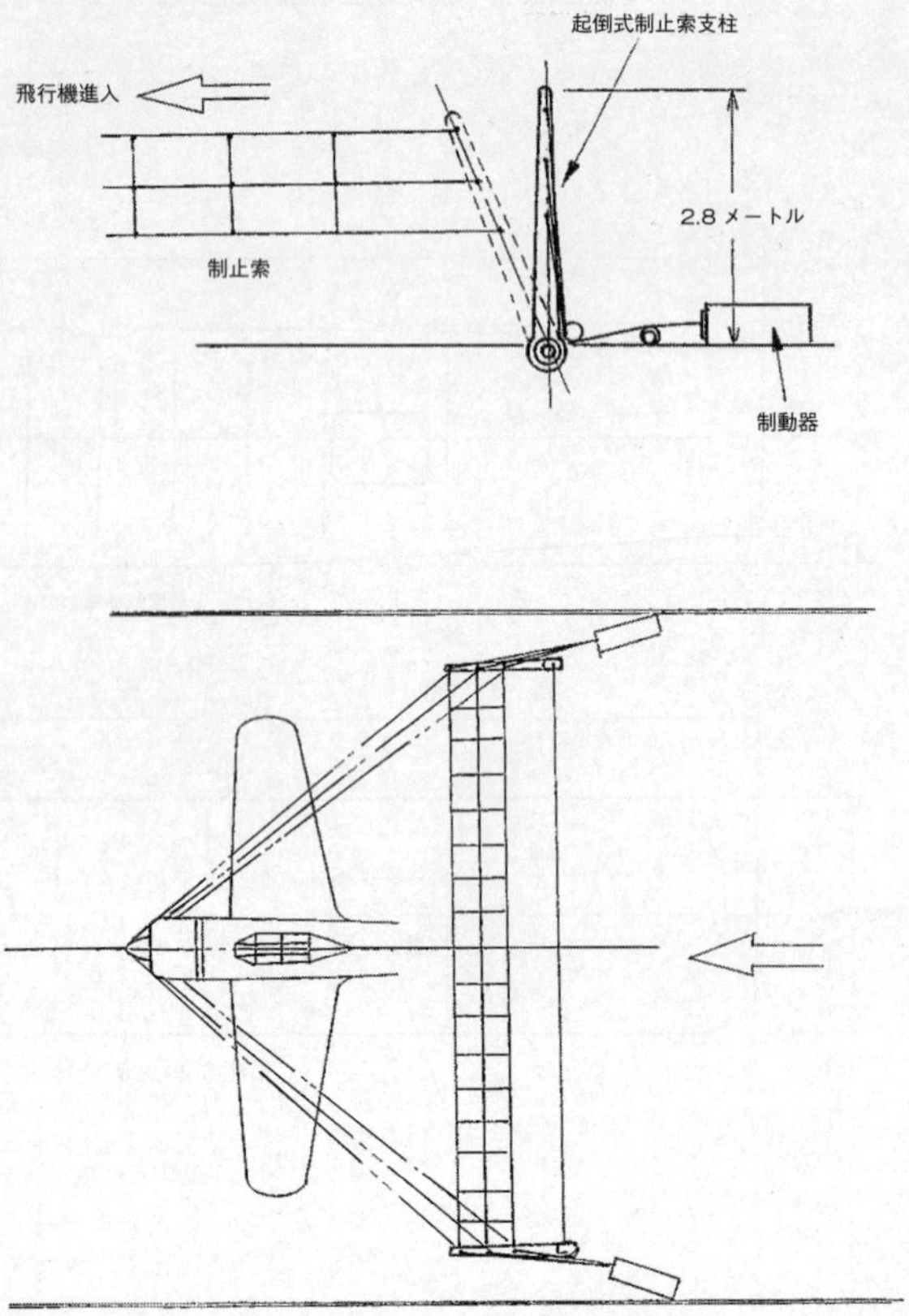
起倒式制止索支柱
飛行機進入
2.8 メートル
制止索
制動器

与えることなく停止させるのである。

「赤城」では第一エレベーターの手前に二ヵ所、「加賀」では第二エレベーターの手前に三ヵ所配置されていた。

㈧、発艦促進装置

発艦促進装置とはカタパルトを示す日本海軍の呼称である。日本海軍の航空母艦には太平洋戦争の全期間を通じ飛行甲板にカタパルトを装備することはなかった。しかし「加賀」の大改造工事が行なわれた時、近い将来飛行甲板にカタパルトを装備する計画が存在し、事実改造後の「加賀」の飛行甲板前端上の両舷側近くに「発艦促進装置」が装備できる準備がなされていたのだ。

日本海軍が発艦促進装置（カタパルト）を導入したのは比較的早く、一九二五年（大正十四年）頃には軽巡洋艦以上の軍艦の一部には装備が始まっていた。そして搭載した水上偵察機の発艦に積極的に使用を開始したのであった。

日本海軍が使用したカタパルトは全て火薬の爆発力で飛行機を発進する方式であった。そしてそれは比較的軽量な水上偵察機の発艦には十分に活用できた。しかしより重量のある艦上機の発艦に火薬を使って行なった場合には、重量機体を発艦させるために必要な強力な瞬間的な爆発力がパイロットや機体に損傷を与えることになり、火薬式のカタパルトには限界があった。

火薬式カタパルトの原理は、火薬の爆発力によってピストンを作動させ、爆発で発生する引張力でカタパルトの本体構造物の上に置かれた飛行機を乗せた台車を引っ張り、台上に載った飛行機をはじき飛ばす、というものである（添付図参照）。

この火薬式カタパルトは原理が簡単であるだけに、限られた空間から飛行機を発進させる方法としては便利であるが、大きな欠点も持っていた。

飛ばす飛行機が大型化しまた重量が増せば火薬の爆発力を大きくすればよいのであるが、爆発は瞬間的に起きるものであり、強力な爆発力で飛行機を飛ばそうとした場合には飛行機には瞬間的に猛烈な圧力が加わり、飛行機は発進したと同時に破壊してしまう可能性が増してくるのである。さらに搭乗しているパイロットには限界以上の圧力がかかり、パイロットが死亡してしまう心配も生まれるのである。

日本海軍は太平洋戦争中に火薬式カタパルトに変わる飛行機の発艦促進方法としては高圧圧搾空気を使用する方法も実用化させようとした。しかしイギリスやアメリカが採用した油圧式カタパルトの実用化にはついに到達できなかった。

アメリカ海軍やイギリス海軍は第二次世界大戦中に運用した航空母艦にはその規模の大小を問わず油圧式カタパルトを装備し、低速の商船改造の護衛空母からでも随時武装した重量級の艦上機を発艦させることができた。また多数の艦上機を飛行甲板一杯に搭載したまま、

「加賀」のカタパルト取付溝が斜めに見える

甲板上を滑走させることもなく次々と艦首のカタパルトから武装した艦上機を発艦させ、攻撃力を倍加させた。

日本海軍はより大型の飛行機を飛ばすためのカタパルトに圧搾空気を応用した。このカタパルトは一九四三年（昭和十八年）に一応実用化にはこぎつけたが、装置はそれまでの火薬式カタパルトに対し格段に大型化（全長二十五メートル）した。また飛行機を飛ばすための圧搾空気の蓄圧には時間を要し、イギリスやアメリカ海軍が実用化に成功していた油圧式カタパルトのように短時間での繰り返し作動が困難であった。

結局日本海軍の大型機射出用のカタパルトの開発はこの段階で行き詰まってしまったのである。

イギリス海軍は一九二〇年代には油圧式カタパルトの実用化に成功していた。そしてこの技術をアメリカに技術導出していた。このためにアメリカ海軍は一九三〇年代後半に就役したヨークタウン級航空母艦に、

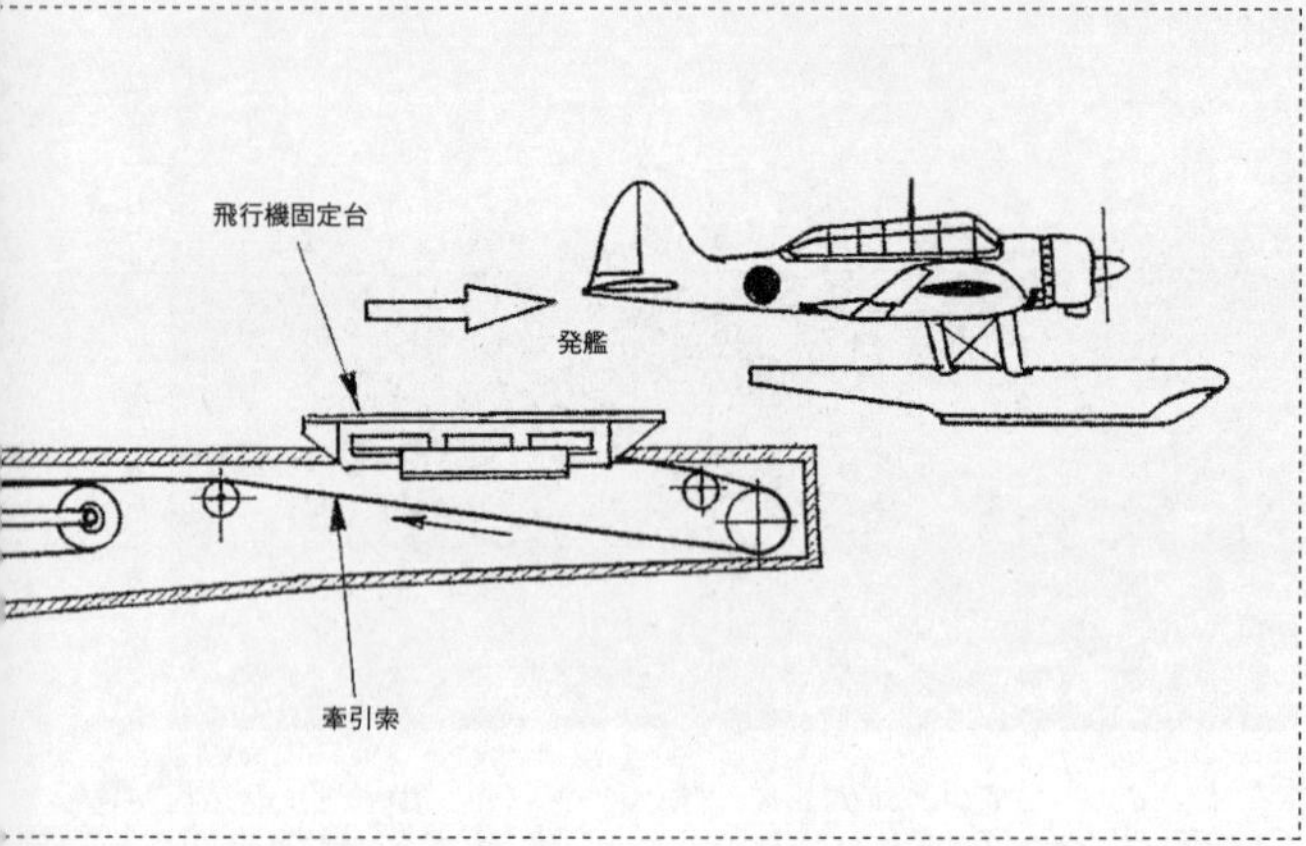

さらに後には大型航空母艦サラトガにもこのカタパルトを装備することになり、飛行甲板に装備されたカタパルトからの重量級飛行機の発艦を可能にしたのであった。

日本海軍がアメリカやイギリス海軍のように油圧式カタパルトの開発ができなかった最大の理由は、大型油圧装置の開発が大きく遅れていたことにある。とくに油圧装置に不可欠なオイルシール材やオイルシール周辺装置の開発に大きな遅れがあった。

太平洋戦争中の日本の陸海軍の軍用機の油圧装置にはオイル漏れはなかば常態となっており、整備の多くの時間をオイル漏れ対策に充てており、それだけ軍用機の稼働率を低下させていたのだ。飛行機に装備される程度の規模の油圧装置のオイル漏れ対策に、日常的に窮していた日本が、強大な圧力を必要とする油圧装置の開発に失敗してい

第33図　カタパルトの原理概念図

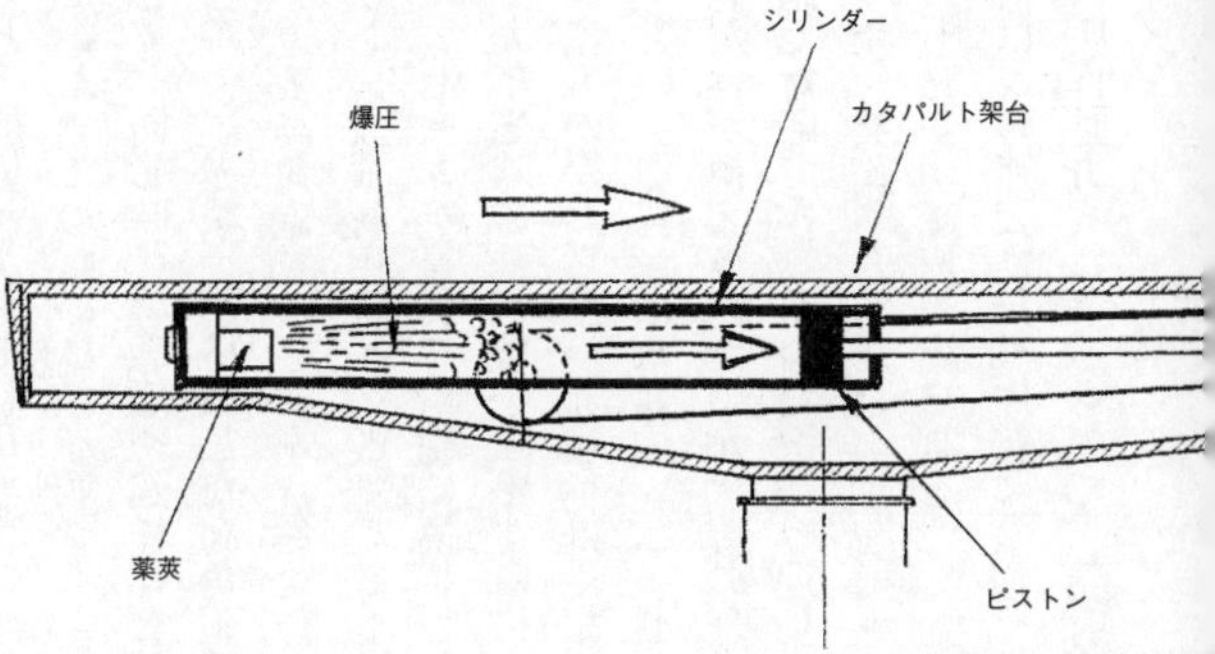

たのも頷けるのである。

日本が大型の高圧油圧シリンダーを実用の域に到達させたのは戦後の一九五〇年代に入ってからである。

㈡、対空兵器

対空兵器については「加賀」の項で説明してあるが、ここで改めて日本海軍の対空兵器について「赤城」を例にとって説明する。

竣工当時の「赤城」も「加賀」も対空装置は高角砲だけであった。当時は航空機も未発達の状態であり、航空機が艦艇を積極的に攻撃するという思考は十分に成熟していなかった。ただ航空機の攻撃力は将来有力な艦艇攻撃の手段であると海軍は考えていた。そのために未発達な飛行機の時代でありながら、例えばイギリス海軍では一九一〇年代には飛行機に魚雷を搭載し艦艇を攻撃する戦法を積極的に研究しまた実験を行なっていた。「赤城」と「加賀」が竣工した当時の海軍の攻撃機はすでに十分に雷撃や爆撃が可能な性能を持っていた。このために「赤城」も「加賀」も竣工当時には敵の攻撃機を撃退する手段の一つとして、同じ時代の戦艦や巡洋艦と同じく高角砲を搭載することになった。

竣工当時の「赤城」が搭載した高角砲は大正十年に正式採用された四十五口径の十年式十二センチ連装高角砲で、これを片舷に設けられた砲座に各三基（合計十二門）ずつ装備された。しかし一段飛行甲板への改造に際しこの高角砲は一九二九年（昭和四年）正式採用の八九式十二・七センチ連装高角砲に換装されることはなかった。九年間の飛行機の発達は著しく一九二九年当時の飛行機を攻撃するには十年式高角砲では対応できなくなっていたのである。それにもかかわらず「赤城」は従来のままの高角砲で太平洋戦争に臨んだのである。しかし、一方の「加賀」は八九式一二・七センチ連装高角砲に換装された。ただ何故「加賀」の高角砲だけが換装されたのか、その理由は不明である。

高角砲で対応できなかった敵機の近接攻撃に対する武装として新たに機銃が装備されることになった。装備されたのは「加賀」と同じく一九三六年（昭和十一年）に正式採用された九六式二十五ミリ連装機銃である。

「赤城」はこの連装機銃を片舷にそれぞれ七ヵ所設けられた銃座に装備した。この九六式機銃はガス圧作動方式によるもので、発射速度は毎分二百二十発であった。初速九百メートル、

「赤城」の排煙防盾付きの右舷12センチ高角砲

有効射程千五百メートル、十五発入りの弾倉を装備するが弾倉の交換は人力で行なわれ、十五発入りの弾倉の全弾が撃ち尽くされる時間は四秒強であり、全力射撃の場合の弾倉交換は極めて厳しい作業となった。

この九六式連装機銃には問題が存在した。それは連射時には射撃の反動による砲身の振動が大きく、有効射程内での弾丸の散布界が広がり命中精度を低下させることが欠点だったのである。

ただ日本海軍は近接戦闘用の対空火器としては太平洋戦争の全期間を通じこの九六式機銃を使い、より発射速度が速いあるいは命中精度を上げる改良を施した新しい高性能の機銃の開発はなく、近接戦闘用の火器の不毛は日本海軍の際立った欠点でもあった。

一方高角砲についての改善は見られた。一九三八年（昭和十三年）に新型の高角砲が開発され、一九四一年ころより実際に新造の巡洋艦や航空母艦に搭載された。六十五口径九八式十センチ高角砲と六〇口径九八式八センチ高角砲である。

九八式十センチ高角砲の場合、初速は千メートル、最大射高一万四千七百メートル、発射速度は一分間当たり十九発、砲座の旋回時間は八九式高角砲の一秒間あたり七度に対し十一度、砲身の俯・迎角変更速度は八九式高角砲の一秒間あたり十一度に対し十六度と、高速化する敵機に対し十分に対応できる性能になっていた。

第5章　「赤城」と「加賀」に搭載された艦上機

航空母艦「赤城」と「加賀」が誕生し、太平洋戦争で戦没するまでの約十五年間に、この二隻の航空母艦に搭載された艦上機は、まさに日本海軍航空隊の艦上機の歴史を眺めるようで興味深い。この二隻の航空母艦で運用された艦上機を見たとき、それは明らかに三つのカテゴリーに分類されることがわかる。次にこの三つのカテゴリーの艦上機について紹介する。

第一期：多段式飛行甲板時代

両航空母艦が完成した一九二七年（昭和二年）から一九二九年（昭和四年）頃は、日本海軍の空母艦上機の揺籃時代で、以後両航空母艦が大改造を受けるまでの六〜七年間がその初期の艦上機の時代である。この時代の艦上機は日本の各航空機製造会社が主にヨーロッパ（イギリス）から艦上機の設計者を招請し、彼らの力を借りて設計された飛行機が製作され、そしてその設計手法を日本の設計者が学ぶ時代であった。

製作された飛行機は全て木材または金属材で組み上げられた主翼や胴体に羽布を張り付けた飛行機で、いわゆる「アンドン飛行機」から一歩も二歩も進化した飛行機であった。しかし最高速力は時速二百キロ前後という時代であった。

㋑、一〇式艦上戦闘機（三菱航空機）

本機は日本最初の甲板式航空母艦「鳳翔」が完成した前年の一九二一年（大正十年）十月に、三菱航空機（当時の三菱内燃機製造会社）が試作した、日本最初の艦上戦闘機である。

設計は同社がイギリスから招いたハーバート・スミス技師によるもので、エンジンはフランスのイスパノ・スイザ水冷発動機（三菱内燃機社がライセンス生産）である。

機体は木製骨組式で羽布張り構造である。実戦部隊（主に航空母艦「鳳翔」戦闘機部隊）への配備は一九二三年（大正十二年）に始まった。生産数は百三十八機で、一九三〇年ころまで第一線戦闘機や練習戦闘機として活躍したが、「赤城」と「加賀」の戦闘機部隊に最初に配備された艦上戦闘機は本機であった。

全幅八・五メートル、全長六・九メートル、自重九百四十キロ

エンジン：イスパノ・スイザ（国産）、水冷V型八気筒（最大出力三百馬力）

最高速力：時速二百十三キロ、航続距離：四百五十キロ

武装：七・七ミリ機銃二梃（前方固定）

㋺、三式艦上戦闘機（中島飛行機）

航空母艦「鳳翔」で運用された日本最初の艦上戦闘機である一〇式艦上戦闘機の後継機である。イギリス空軍の傑作戦闘機であるグロスター・ゲームコック戦闘機を参考に、イギリスの設計技師の指導を受けた中島飛行機の設計者が設計した艦上戦闘機である。

一九二七年（昭和二年）に海軍が正式に三式艦上戦闘機として採用した。機体の構造は一〇式艦上戦闘機と同じく木製骨組みに羽布張り構造で、日本最後の木製骨組みの機体でもあった。

エンジンは当初はイギリスから輸入した空冷のジュピター・エンジンを搭載したが、後の機体は本エンジンを国産化した寿エンジンを搭載し性能の向上を図った。生産数は百機であった。

後述するが本機は上海事変の際に「鳳翔」と「加賀」に搭載され初めて実戦に参加しており、一九三四年（昭和九年）頃まで第一線用戦闘機や高等練習機として使われた。

全幅九・六四メートル、全長六・四九メートル、自重千五十キロ

エンジン：中島寿Ⅱ型、空冷星型九気筒（最大出力四百五十馬力）

最高速力：時速二百三十九キロ、航続距離：三百七十キロ

武装：七・七ミリ機銃二梃（前方固定）、爆弾搭載量：六十キロ

第34図　一〇式艦上戦闘機

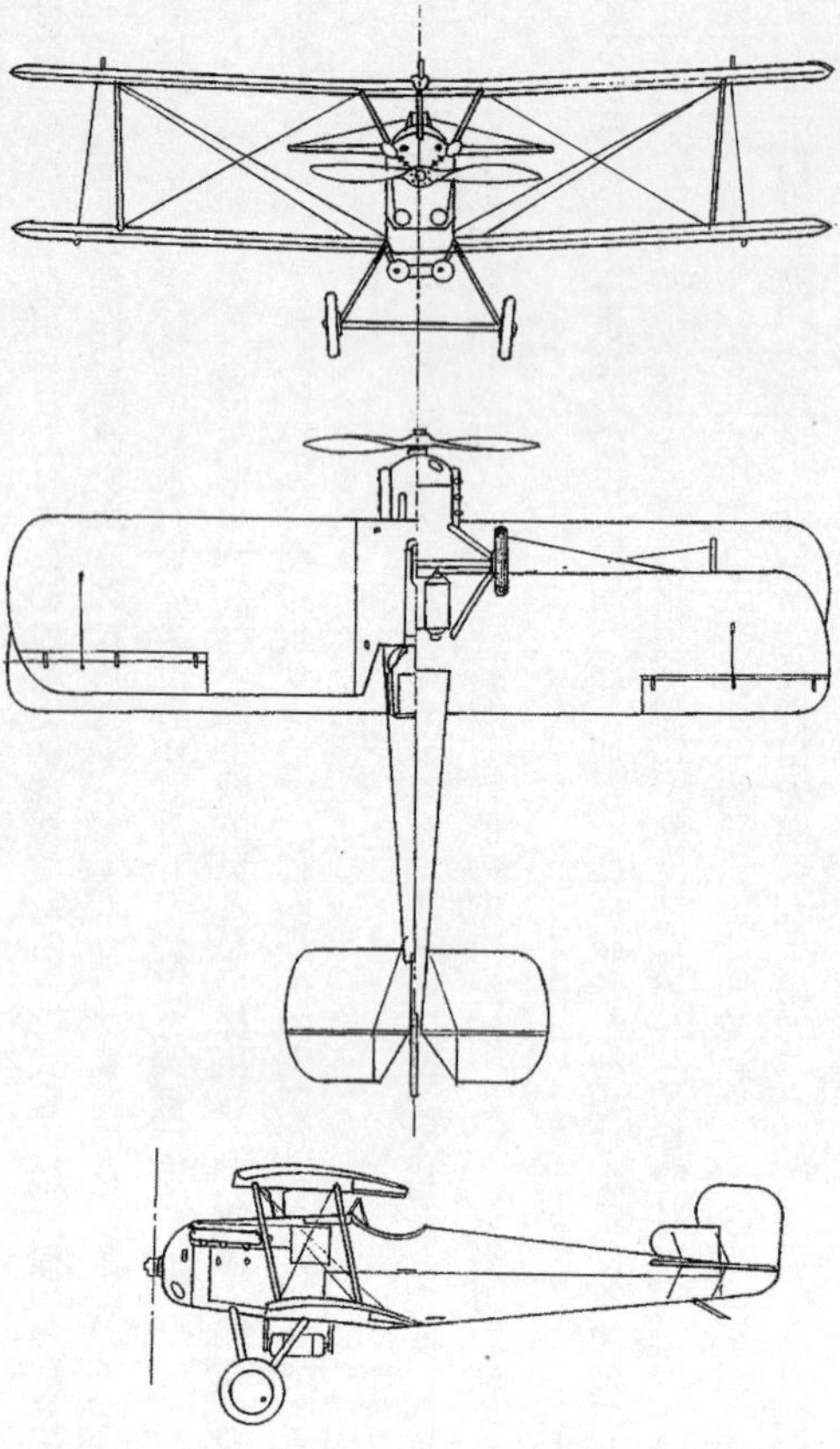

第35図　三式艦上戦闘機

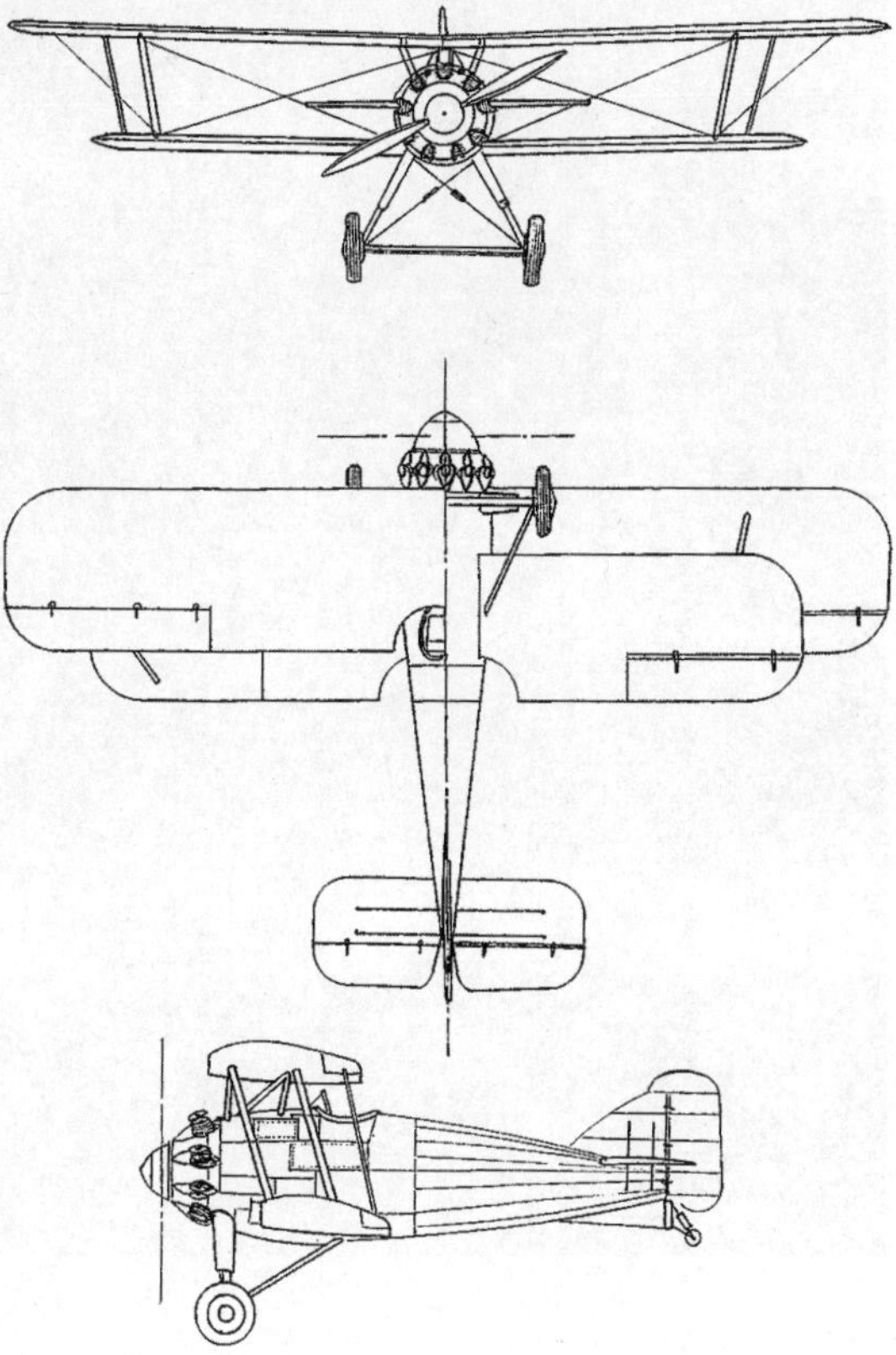

（上）一〇式艦上戦闘機、（下）三式艦上戦闘機

(ハ)、一三式艦上攻撃機（三菱航空機）

三菱社が招請したイギリス人技師ハーバート・スミスの設計による機体である。実用性に優れ故障も少なく傑作機として評価が高い機体。一九二三年（大正十三年）から生産が開始され、合計四百四十二機も生産された。本機は五百キロ魚雷の搭載が可能で、日本最初の実用雷撃機でもあった。

上海事変の時に「鳳翔」と「加賀」の艦上攻撃機として小型爆弾を搭載して出撃している。本機は主翼の後方への折りたたみが可能であった。

全幅十四・七八メートル、全長十・一三メートル、自重千七百六十五キロ
エンジン：イスパノ・スイザ（国産）、水冷V型八気筒（最大出力四百五十馬力）
最高速力：時速百九十四キロ、航続距離：七百五十キロ
武装：七・七ミリ機銃一梃（前方固定）、同一梃（後方旋回）、爆弾または魚雷：五百キロ

(ニ)、一〇式艦上偵察機（三菱航空機）

日本海軍最初の艦上偵察機。一〇式艦上戦闘機と同じくイギリス人技師ハーバート・スミスの設計による機体である。その形状は平面型も側面型も一〇式艦上戦闘機に酷似している。一九二一年に初飛行に成功し日本海軍に正式採用された。

本機は優れた飛行性能や良好な稼働率を示し、艦上偵察機としてばかりでなく陸上を基地とする海軍偵察機や連絡機などとして、一九三〇年代後半頃まで長く使われた。総生産数は

第36図　一三式艦上攻撃機

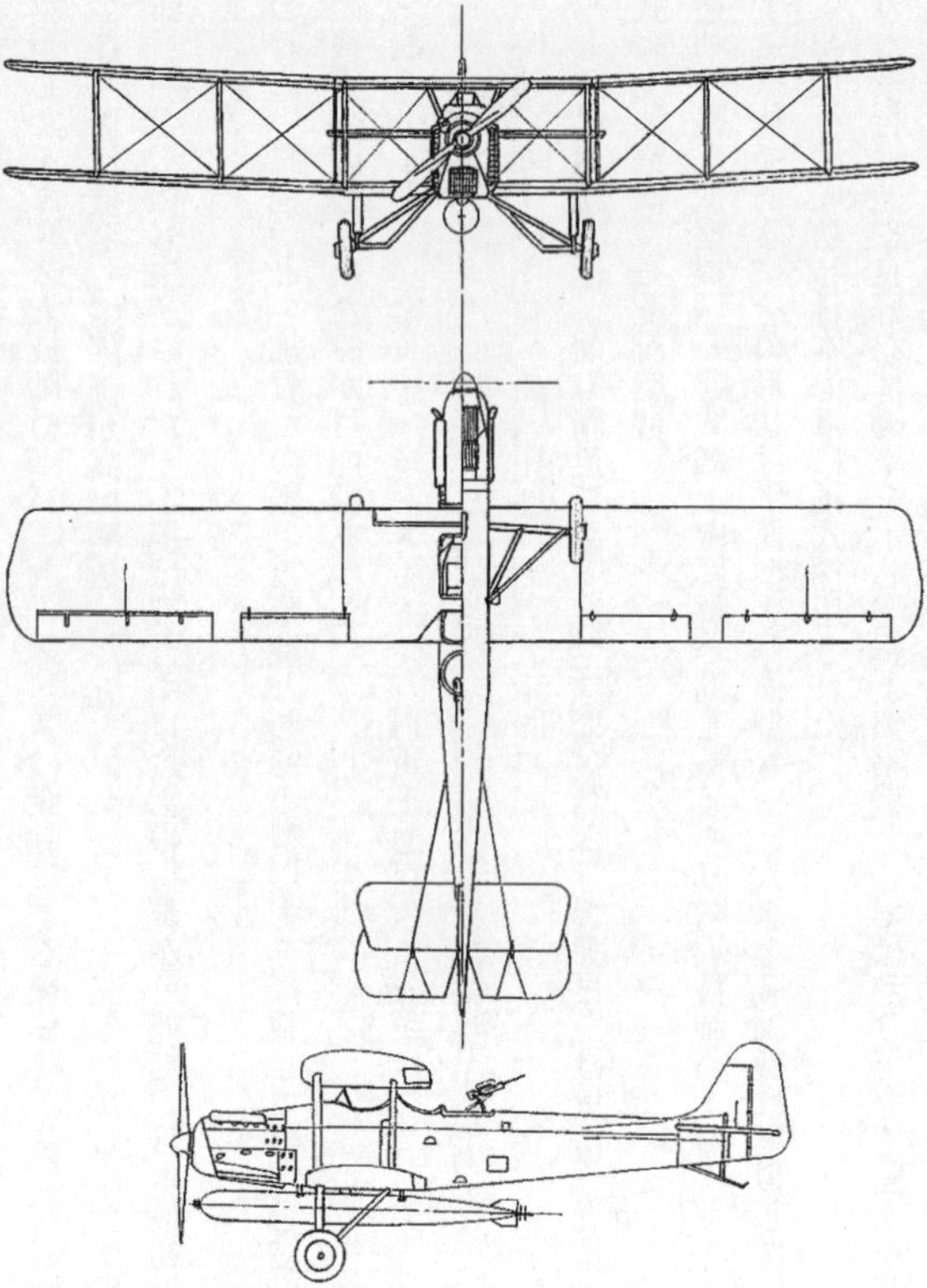

第37図　一〇式艦上偵察機

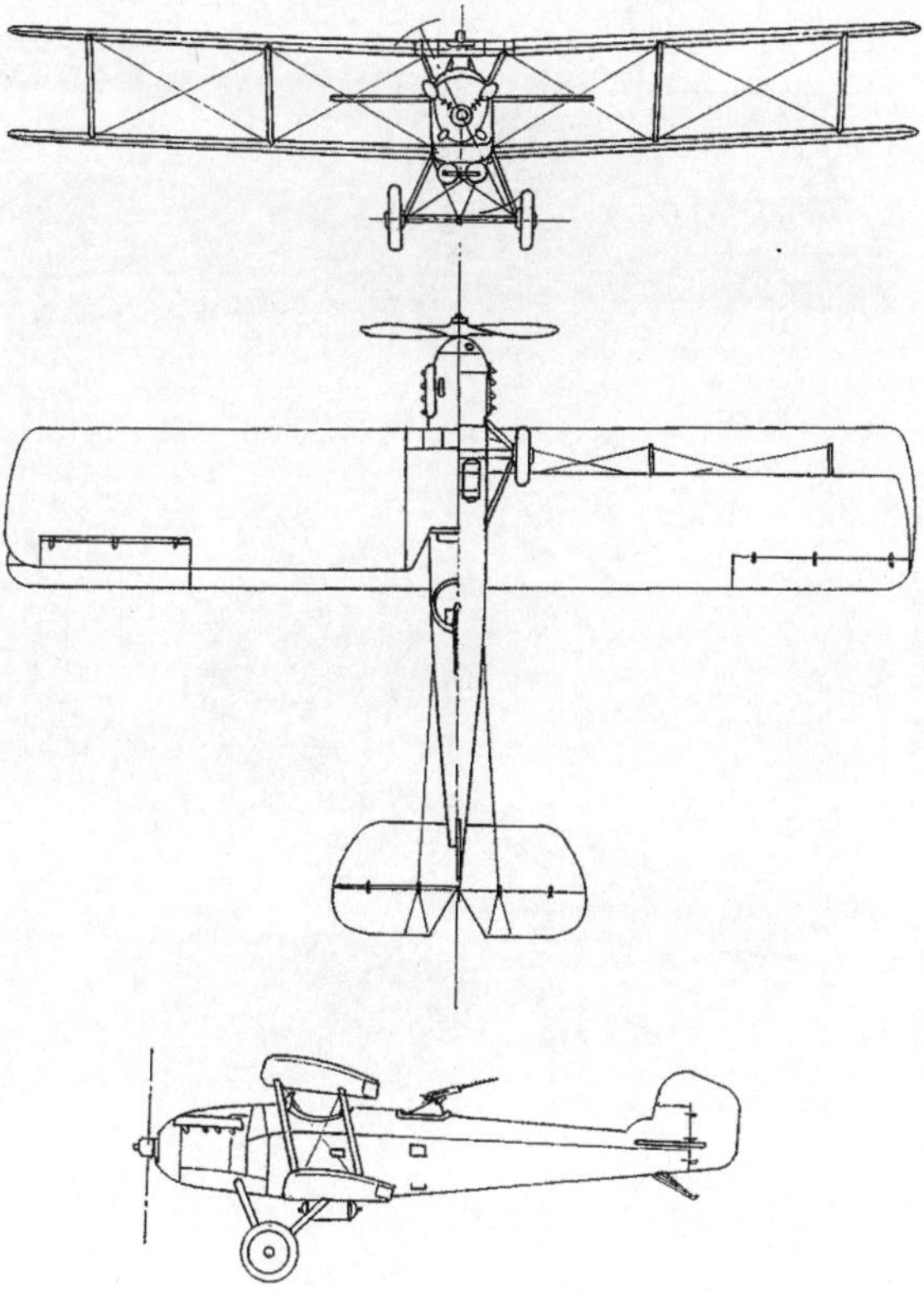

（上）一三式艦上攻撃機、（下）一〇式艦上偵察機

百五十九機。

全幅十二・〇四メートル、全長七・九三メートル、自重九百八十キロ

エンジン：イスパノ・スイザ（国産）、水冷V型八気筒（最大出力三百馬力）

最高速力：時速二百三キロ、航続距離：五百九十五キロ

武装：七・七ミリ機銃二梃（前方固定）、七・七ミリ連装機銃一基（後方旋回）

第二期：一段式飛行甲板転換期から日中戦争中期まで

艦上機の設計は一九三三年までには外国人の指導を離れ、以後は日本人独自の設計で行なわれるようになった（機体設計の純国産化）。

機体の構造は木製骨組みから木金混合の骨組み、さらに金属骨組みに進化するが、機体は複葉構造で外板は羽布張りであった。エンジンの出力は次第に強化され、第一期に比較し機体の性能は格段に向上した。

㋑、九〇式艦上戦闘機（中島飛行機）

中島飛行機が三式艦上戦闘機の後継機として開発した全国産技術による艦上戦闘機。極めてコンパクトにまとめられた運動性に優れた戦闘機で、同時代のアメリカやイギリスの艦上戦闘機と比較し性能や運動性に遜色はなかった。

本機は一九三三年に第一線部隊に配置され始めた。一九三六年まで生産が続けられ生産数は約三百機に達した。

全幅九・五八メートル、全長六・一八メートル、自重千四十五キロ
エンジン：中島寿Ⅱ型、空冷星型九気筒（最大出力五百八十馬力）
最高速力：時速二百九十三キロ、航続距離：五百キロ
武装：七・七ミリ機銃二梃（前方固定）、爆弾：六十キロ

㋺、九五式艦上戦闘機（中島飛行機）

九〇式艦上戦闘機の後継機として開発された艦上戦闘機で日本海軍最後の複葉式の艦上戦闘機である。全金属製骨組みと羽布張り構造は九〇式艦上戦闘機と変わらないが、エンジン出力が強化され性能が格段に向上している。

ただ本機が第一線部隊に配置された直後の一九三七年（昭和十二年）には、早くも日本海軍の傑作艦上戦闘機である九六式艦上戦闘機が登場し、九五式艦上戦闘機の活躍の期間は短く生産数も二百二十一機と少なかった。

本機は第一線戦闘機を引退後は海軍の単座高等練習機として長い間活躍した。

全幅十・〇メートル、全長六・六四メートル、自重千二百七十六キロ
エンジン：中島光Ⅰ型、空冷星型九気筒（最大出力七百三十馬力）
最高速力：時速三百五十二キロ、航続距離：八百四十七キロ

(上) 九〇式艦上戦闘機、(下) 九五式艦上戦闘機

第38図　九〇式艦上戦闘機

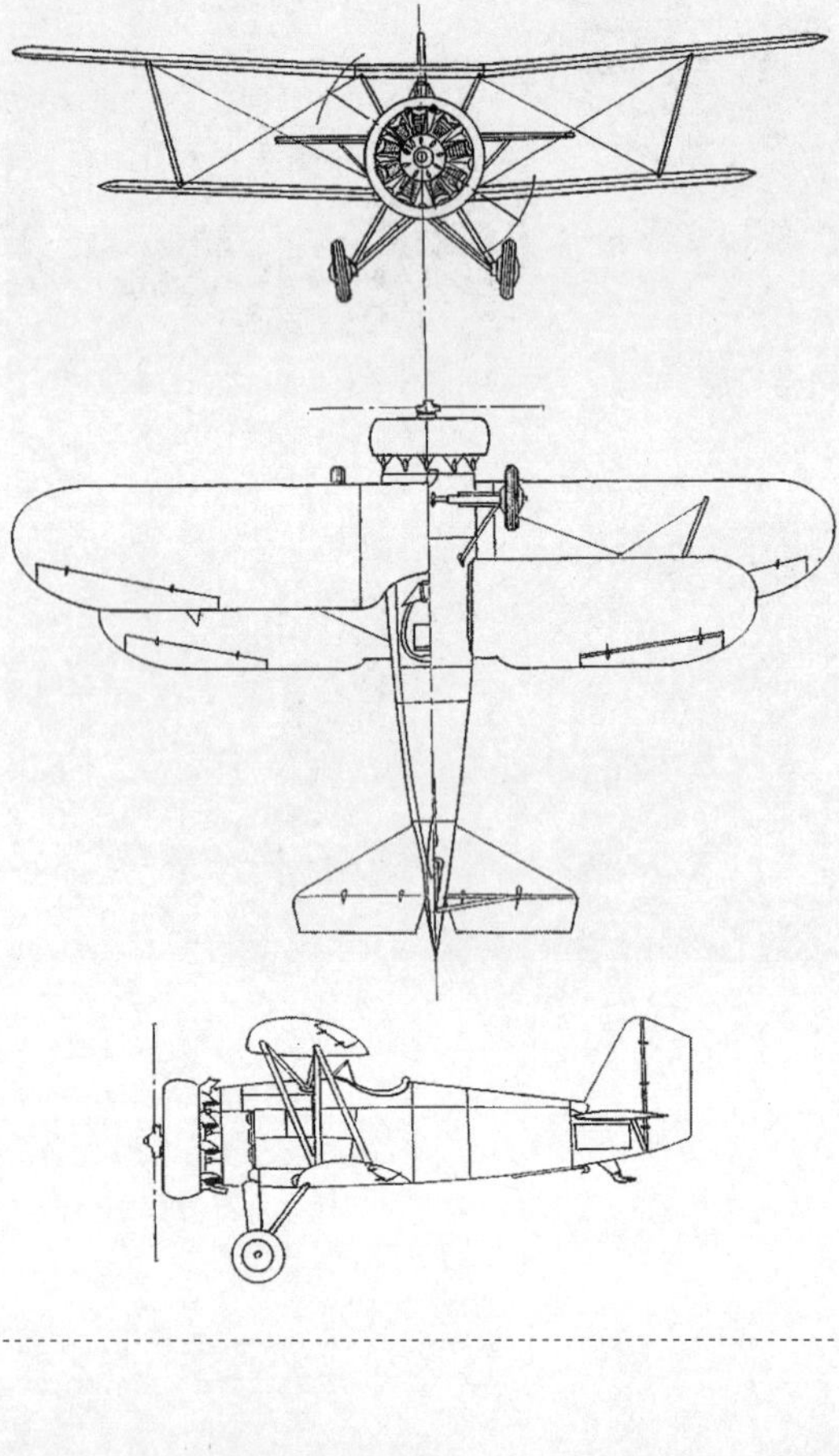

第39図　九五式艦上戦闘機

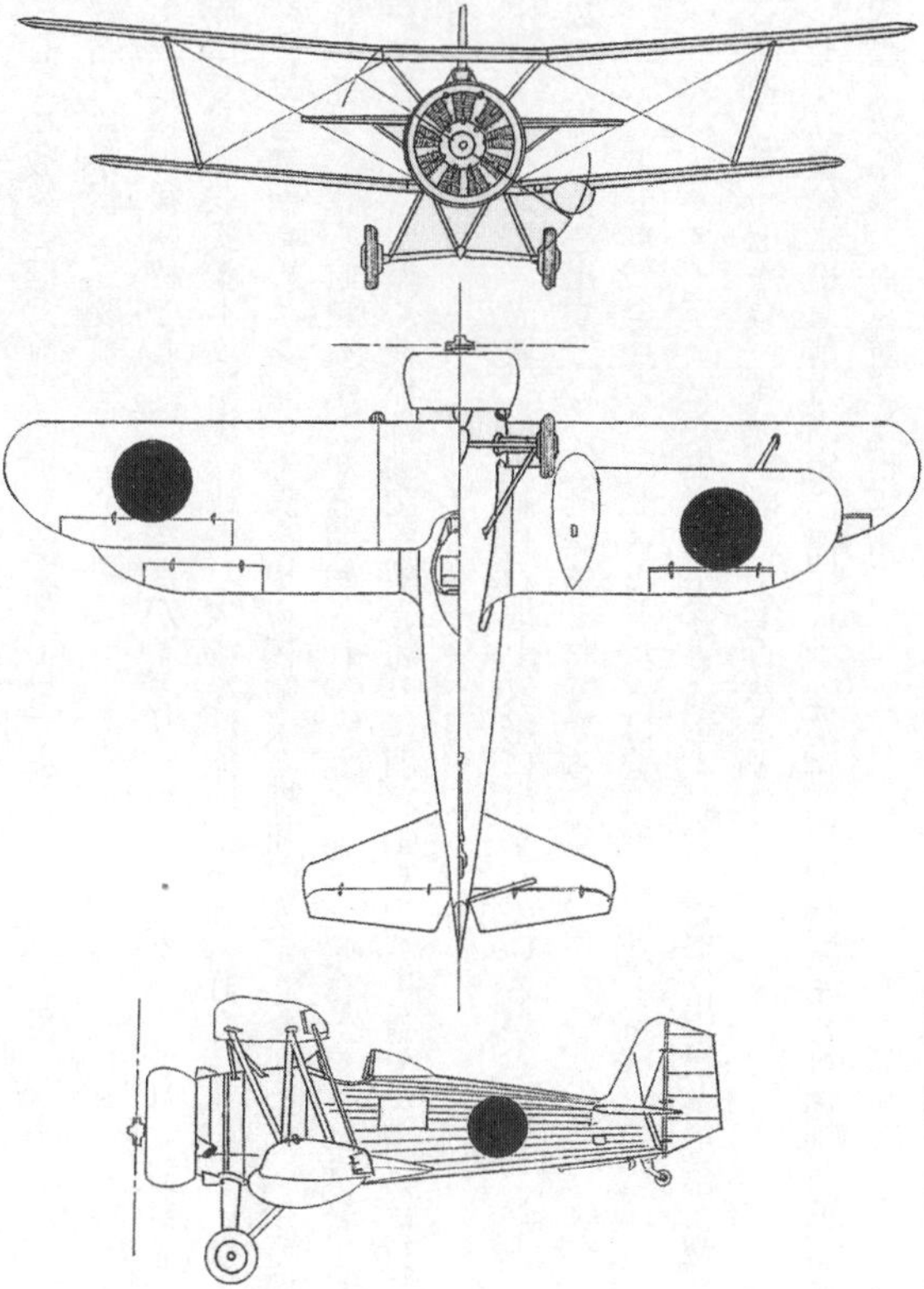

実用上昇限度：七千七百四十メートル
武装：七・七ミリ機銃二梃（前方固定）、爆弾：百二十キロ
㈧、八九式艦上攻撃機（三菱航空機）
一三式艦上攻撃機の後継機として三菱航空機がイギリスのブラックバーン社に設計を依頼した三座の機体で、一三式艦上攻撃機に比較し大幅な性能向上が図られた。
しかし生産機は当初からのエンジン不調を抱え稼働率と性能が安定しなかった。生産開始は大幅に遅れ一九三二年（昭和七年）から開始され、一九三五年（昭和十年）には終了している。生産数は合計二百四機。機体は全金属製骨組みに羽布張り複葉構造で、主翼は折りたたみ可能であった。
本機は日中戦争の初期に「赤城」に搭載され地上攻撃に出撃しているが、エンジントラブルにより複数の未帰還機を出すという悲劇が生まれている。
全幅十五・二二メートル、全長十・二七メートル、自重二千二百六十キロ
エンジン：イスパノ・スイザ（三菱生産）、水冷V型十二気筒（最大出力七百九十馬力）
最高速力：時速二百十七キロ、航続距離：千七百八十キロ
武装：七・七ミリ機銃二梃（前方固定）、同一梃（後方旋回）、魚雷または爆弾：八百キロ
㈡、九二式艦上攻撃機（海軍航空技術工廠）
不評の八九式艦上攻撃機に代わる艦上攻撃機として海軍航空技術廠が開発した複葉三座の

（上）八九式艦上攻撃機、（下）九二式艦上攻撃機

第40図　八九式艦上攻撃機

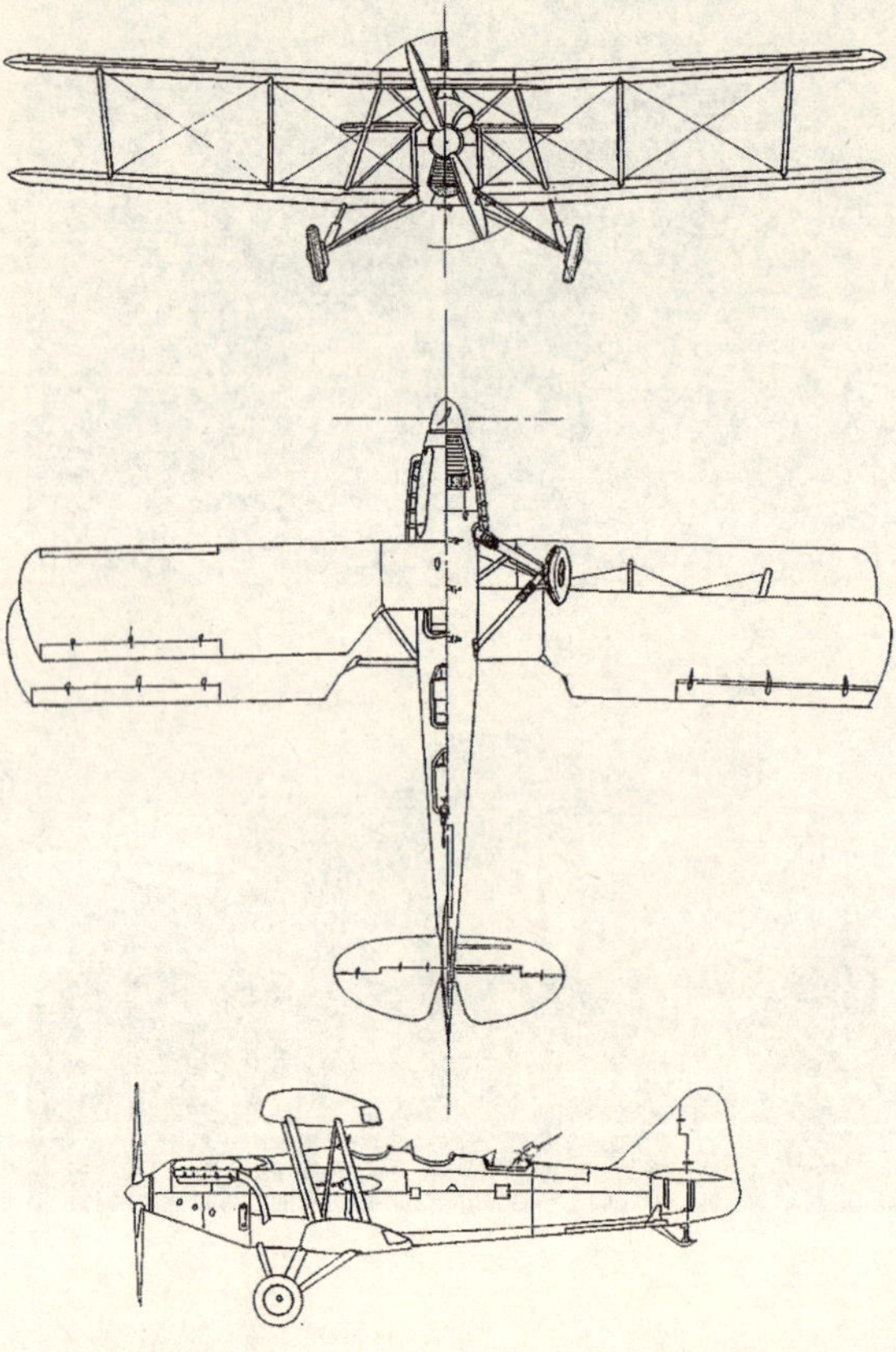

第41図　九二式艦上攻撃機

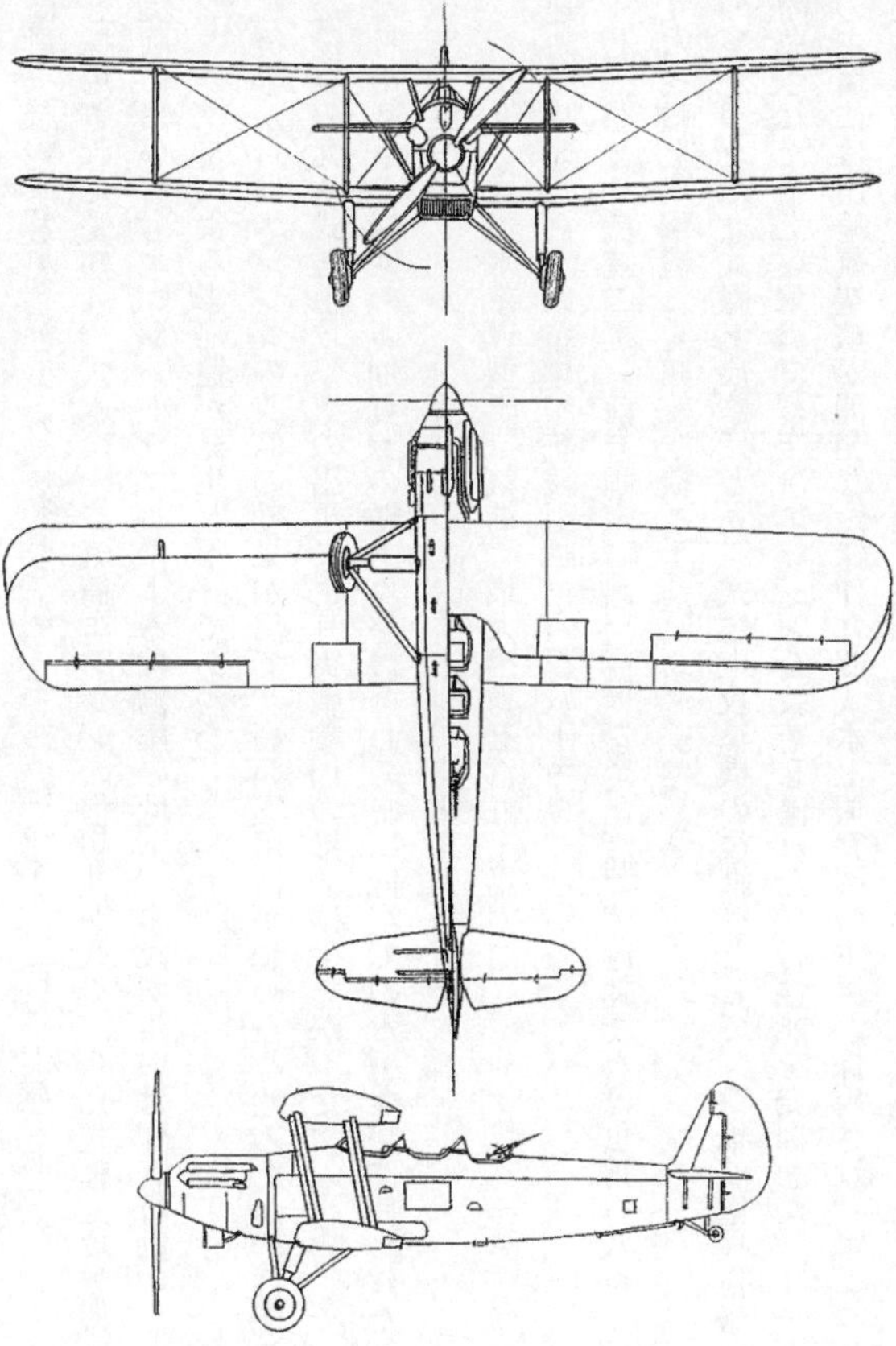

艦上攻撃機。鋼管溶接骨組みに羽布張りの構造は八九式艦上攻撃機と同じである。生産は主に愛知時計（後の愛知航空機）で行なわれたが、生産数はわずかに百三十機であった。

本機も採用された愛知九一式水冷十二気筒エンジンの信頼性が低く、八九式艦上攻撃機と同様に実戦においてもエンジントラブルによる稼働率の低下、事故あるいは作戦行動中でのエンジントラブルによる未帰還が発生し不評であった。

しかし後半からはエンジンの改修の効果が出て、高い実用性が認められ始めたが、性能の安定した後発の九六式艦上攻撃機の出現により実戦参加の機会は少なかった。

本機は日中戦争の初期の「加賀」の艦上攻撃機として主に低空での水平爆撃に使われた。

全長十三・五一メートル、全長九・五〇メートル、自重千八百五十キロ

エンジン：九一式、水冷W型十二気筒（最大出力七百五十馬力）

最高速力：時速二百十九キロ、航続距離：六百八十キロ

武装：七・七ミリ機銃二梃（前方固定）、同一梃（後方旋回）、爆弾または魚雷：八百キロ

㋭、九六式艦上攻撃機（愛知航空機）

問題の多かった八九式艦上攻撃機と九二式艦上攻撃機の後継機として、海軍航空技術廠の主導で開発された艦上攻撃機で、空冷エンジンを装着し優れた飛行性能を発揮した。

本機の主翼には川崎航空機が開発した傑作九四式水上偵察機の主翼が採用され、エンジンには最大出力八百四十馬力の中島空冷光Ⅱ型九気筒が装備された。

一九三六年（昭和十一年）に正式採用され合計二百機が生産された。本機は前二機種とは違い極めて優れた性能を示し、日中戦争の中期から実戦に投入された。しかしこの頃は航空母艦からの出撃の機会は減り、主に陸上基地からの敵施設に対する精密水平爆撃に多用された。

本機は太平洋戦争でも地味ながら活躍した。ミッドウェー海戦では戦艦隊の護衛を務めた航空母艦「鳳翔」に搭載され、航行海域の対潜哨戒や索敵に使われ、また一九四四年後半からは船団護衛に運用された商船改造の特設航空母艦「大鷹」や「雲鷹」に十二ないし十四機ずつ搭載され、航行海域の対潜水艦哨戒に使われた。

全幅十五・〇〇メートル、全長十・一五メートル、自重二千キロ
エンジン：中島光Ⅱ型、空冷九気筒（最大出力八百四十馬力）
最高速力：時速二百七十八キロ、航続距離：千五百七十六キロ
武装：七・七ミリ機銃二梃（前方固定）、同一梃（後方旋回）、爆弾または魚雷：八百キロ

㈡、九四式艦上爆撃機（愛知航空機）

日本海軍最初の正式艦上爆撃機である。複葉の本機はドイツのハインケルＨＤ‐66急降下爆撃機を参考に設計されており、金属骨組式に羽布張り構造は他機体と同様であるが、愛知航空機開発の寿Ⅱ型空冷九気筒エンジンが極めて優れた性能を示し、本機の優秀性を確立した。一九三四年（昭和九年）に正式採用され、合計百六十二機生産されたが、本機のさらな

る性能向上を図った九六式艦上爆撃機へと進化させている。
日中戦争の初期における日本の航空母艦（主に「加賀」）の主力艦上爆撃機として、敵施設に対する精密急降下爆撃に活躍した。
全幅十一・三七メートル、全長九・四〇メートル、自重千四百キロ
エンジン：愛知寿Ⅱ型、空冷星型九気筒（最大出力五百八十馬力）
最高速力：時速二百八十キロ、航続距離：千五十七キロ
武装：七・七ミリ機銃二梃（前方固定）、同一梃（後方旋回）
爆弾：三百十キロ
㋣、九六式艦上爆撃機（愛知航空機）
九四式艦上爆撃機の出力向上型の機体である。一九三六年（昭和十一年）に正式採用され、実に一九四〇年（昭和十五年）まで生産が続けられた複葉艦上爆撃機である。総生産数は四百二十八機にも達した隠れた傑作艦上爆撃機であった。
エンジンの大型化にともない深いエンジンカウリングを装備し、改良された主車輪の支柱、車輪に取り付けられた大型の車輪カバーなど、九四式艦上爆撃機より近代的な印象を与えている。
日中戦争の全期間を通じ日本の航空母艦の艦上爆撃機の主力として活躍し、太平洋戦争中は陸上基地での艦上爆撃機訓練用練習機として盛んに運用された。

（上）九六式艦上攻撃機、（中）九四式艦上爆撃機、（下）九六式艦上爆撃機

第42図　九六式艦上攻撃機

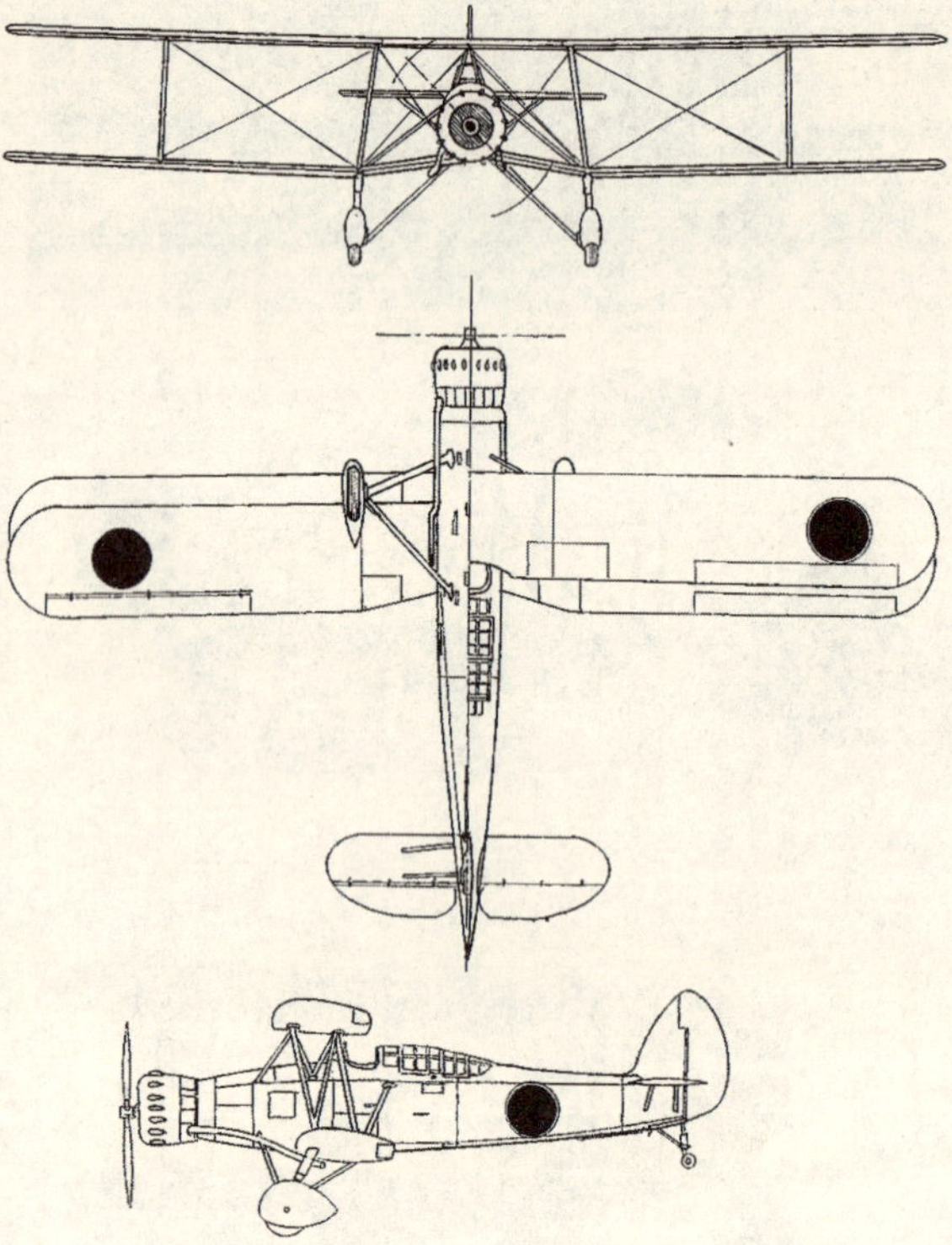

第43図　九四式艦上爆撃機

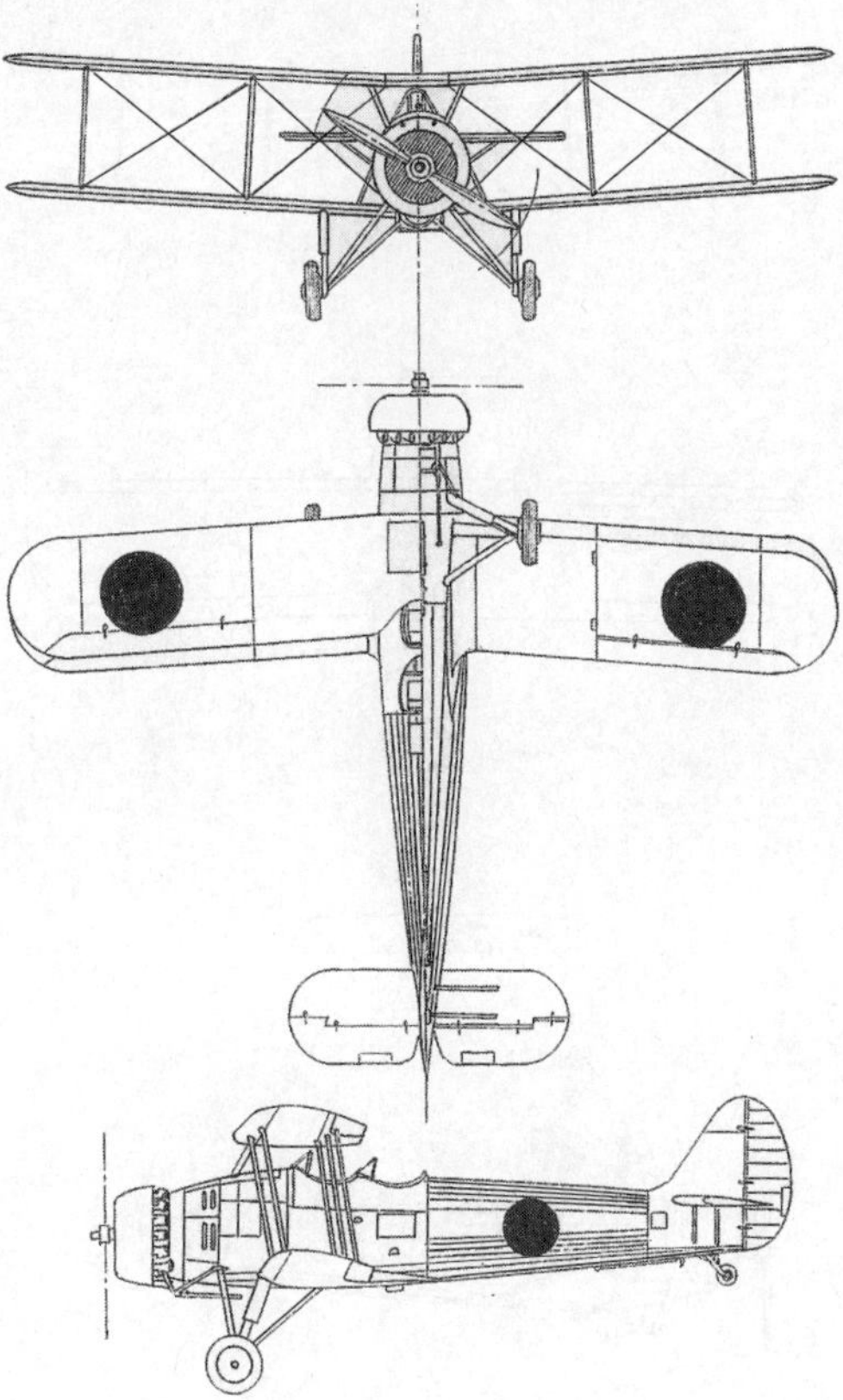

第44図　九六式艦上爆撃機

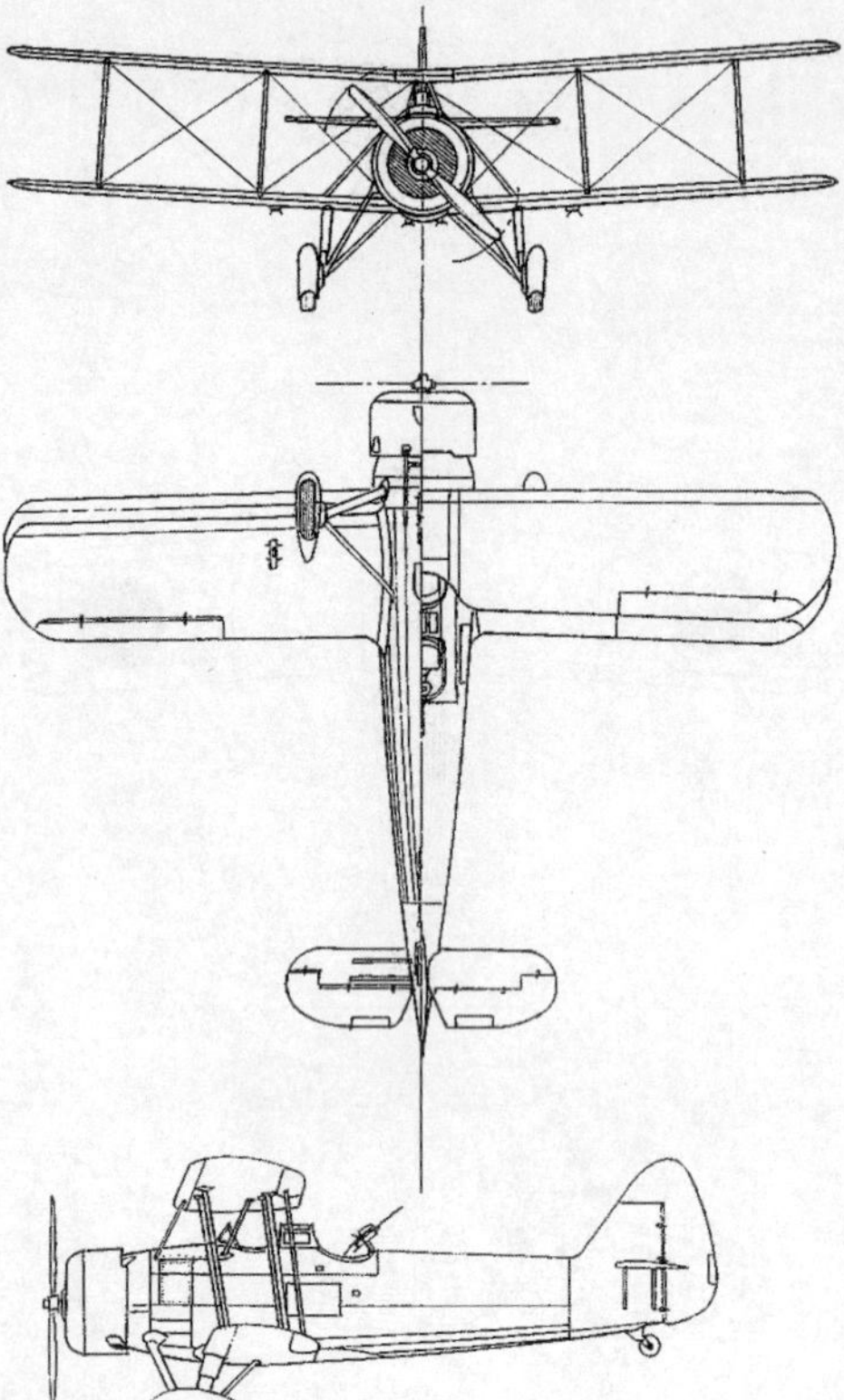

全幅十一・四メートル、全長九・三メートル、自重千五百十六キロ
エンジン：中島光Ⅰ型、空冷星型九気筒（最大出力六百六十馬力）
最高速力：時速三百六キロ、航続距離：千三百三十五キロ
武装：七・七ミリ機銃二梃（前方固定）、同一梃（後方旋回）
爆弾：三百七十キロ

第三期：日中戦争後期からミッドウェー海戦まで

この時期に登場した艦上機は全て全金属製で性能は飛躍的に向上している。全機が日本独自の設計による機体で、日中戦争の後期から太平洋戦争の中期にかけて第一線機として活躍した。

㋑、九六式艦上戦闘機（三菱航空機）

本機は日本の艦上戦闘機のレベルを一気に世界最高の水準に押し上げた記念すべき機体である。それまでの日本の複葉・羽布張り構造の古典的な艦上機は、本機の出現により一気に近代化することになった。本戦闘機は特にその操縦性については同じ時代のアメリカやイギリスのいずれの艦上戦闘機の追随を許さず、トップレベルの性能を発揮した。

ただ本機にはまだ固定脚と開放式操縦席を持つなど、古典機から近代的航空機に移行する

過渡的な要素は残っていた。
一九三七年（昭和十二年）から一九四一年まで生産は続けられ、合計九百八十二機が生産され、日中戦争の中期から太平洋戦争の緒戦まで第一戦機として使われた。
太平洋戦争勃発当時は航空母艦「龍驤」の艦上戦闘機としてフィリピン攻略作戦からインド洋作戦にかけて、第一線戦闘機として使われていた。
なお主翼には折りたたみ機構は備えていない。
全幅十一・〇メートル、全長七・五七メートル、自重千二百十六キロ
エンジン：愛知寿Ⅳ型、空冷星型九気筒（最大出力七百八十五馬力）
最高速力：時速四百三十六キロ、実用上昇限度：九千八百メートル
航続距離：千二百メートル
武装：七・七ミリ機銃（前方固定）、爆弾：六十キロ
㋺、零式艦上戦闘機　（三菱航空機）
世界的にあまりにも有名な艦上戦闘機。日中戦争の末期から太平洋戦争の全期間にわたり、日本の主力艦上戦闘機としての地位を守った。
一九四〇年（昭和十五年）に日本海軍に正式採用され、初陣は中国大陸戦線での長距離侵攻戦であった。日中戦争当時に航空母艦に搭載されて活躍したことはなく、全ては陸上基地からの出撃であった。

太平洋戦争の勃発と同時に六隻の主力大型航空母艦の主力艦上戦闘機として、また基地戦闘機部隊の主力戦闘機として縦横の活躍をしたことは周知のことである。

徹底した軽量化による高性能は抜群の操縦性能に反映されたが、その反面燃料タンクやパイロットの防弾対策が犠牲となった。このことは敵機からの一発の命中弾で燃料タンクが発火する危険性をはらむことになり、その後改良が進められたが重量の増加により抜群の操縦性を犠牲にすることになった。

当初活躍した初期型（二一型）は全幅が十二メートルあり、両翼端の五十センチがそれぞれ折りたたまれるようになっていた。しかしその後現われた性能改善型の三二型や五二型からは全幅を十一メートルとし、翼端の折りたたみ機構は撤去し固定翼となった。

当然ながら機体の改良にともなう重量の増加はエンジン出力のアップにつながったが、これらの改良型機体からは当初の軽快な運動性は失われていた。

生産は一九四〇年末から終戦時まで続けられ、一機種としては日本最多の合計一万四百二十五機が生産された。

太平洋戦争初期（「赤城」「加賀」に搭載）の二一型の要目は次のとおりである。

全幅十二・〇〇メートル、全長九・〇六メートル、自重千六百八十キロ

エンジン：中島栄一二型、空冷星型十四気筒（最大出力九百五十馬力）

最高速力：時速五百三十四キロ、実用上昇限度：一万一千五百メートル

第45図　九六式艦上戦闘機

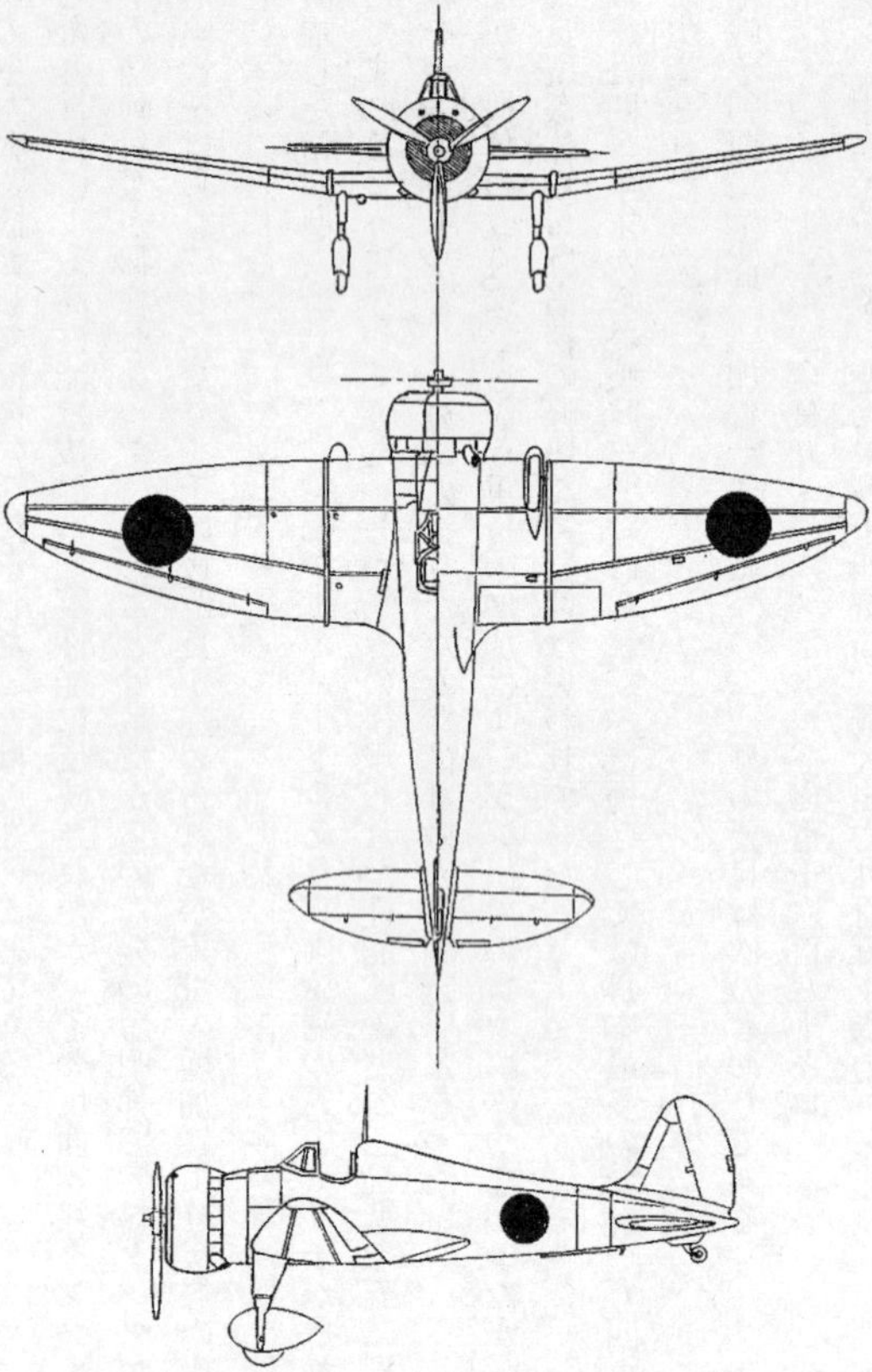

第46図　零式艦上戦闘機(21型)

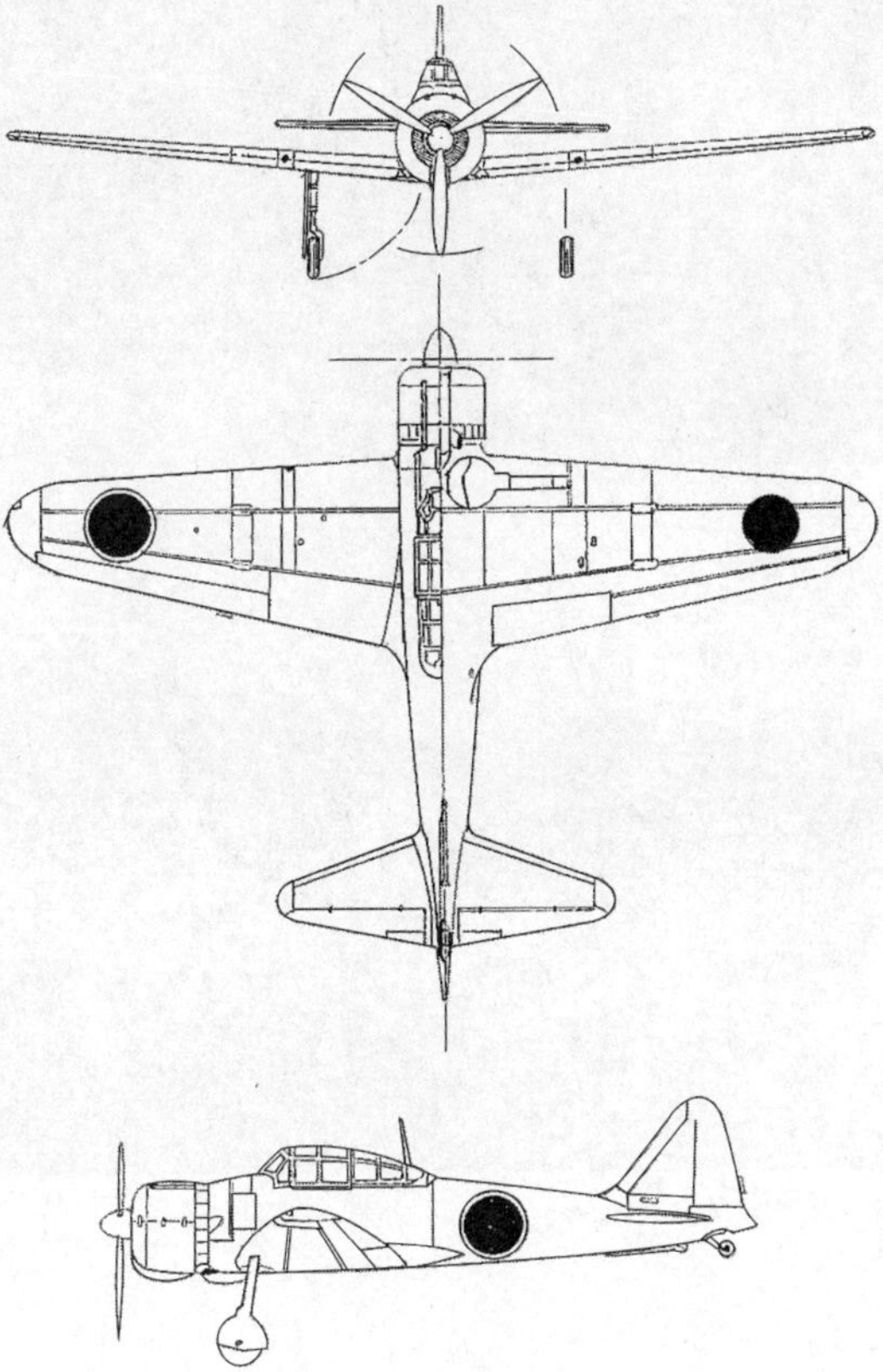

（上）九六式艦上戦闘機、（下）零式艦上戦闘機

航続距離：二千二百キロ（正規）、三千三百五十キロ（増槽付）
武装：二十ミリ機銃二梃、七・七ミリ機銃二梃、爆弾：百二十キロ

㈧、九七式艦上攻撃機（中島飛行機）
中島飛行機が完成させた日本最初の単葉引込脚式の全金属製艦上攻撃機である。優れた操縦性能と稼働率から、日中戦争の後半から日本の艦上攻撃機の主力となった。
生産は一九四三年まで続けられ合計千二百五十機以上がつくられた。そして次期艦上攻撃機の同じ中島航空機製の天山が現われるまで、日本海軍機動部隊の主力艦上攻撃機の地位を守った。
本機は操縦性に優れていた反面、零式艦上戦闘機と同様に防弾装備がまったく不十分で、主翼内部一杯に装備された燃料タンクには防弾装備はなく、敵戦闘機の攻撃や対空砲火が一発でも機体に命中すればたちまち火災となる、きわめて脆弱な構造であった。
主翼は左右それぞれ中間で折りたたまれる構造になっていた。
全幅十五・五二（主翼折りたたみ時：十・〇二）メートル、全長十・三〇メートル
自重二千二百七十九キロ
エンジン：中島栄一一型、空冷複星型十四気筒（最大出力千馬力）
最高速力：時速三百七十八キロ、航続距離：千九百九十三キロ
武装：七・七ミリ機銃一梃（後方旋回）、爆弾または魚雷：八百キロ

第47図　九七式艦上攻撃機

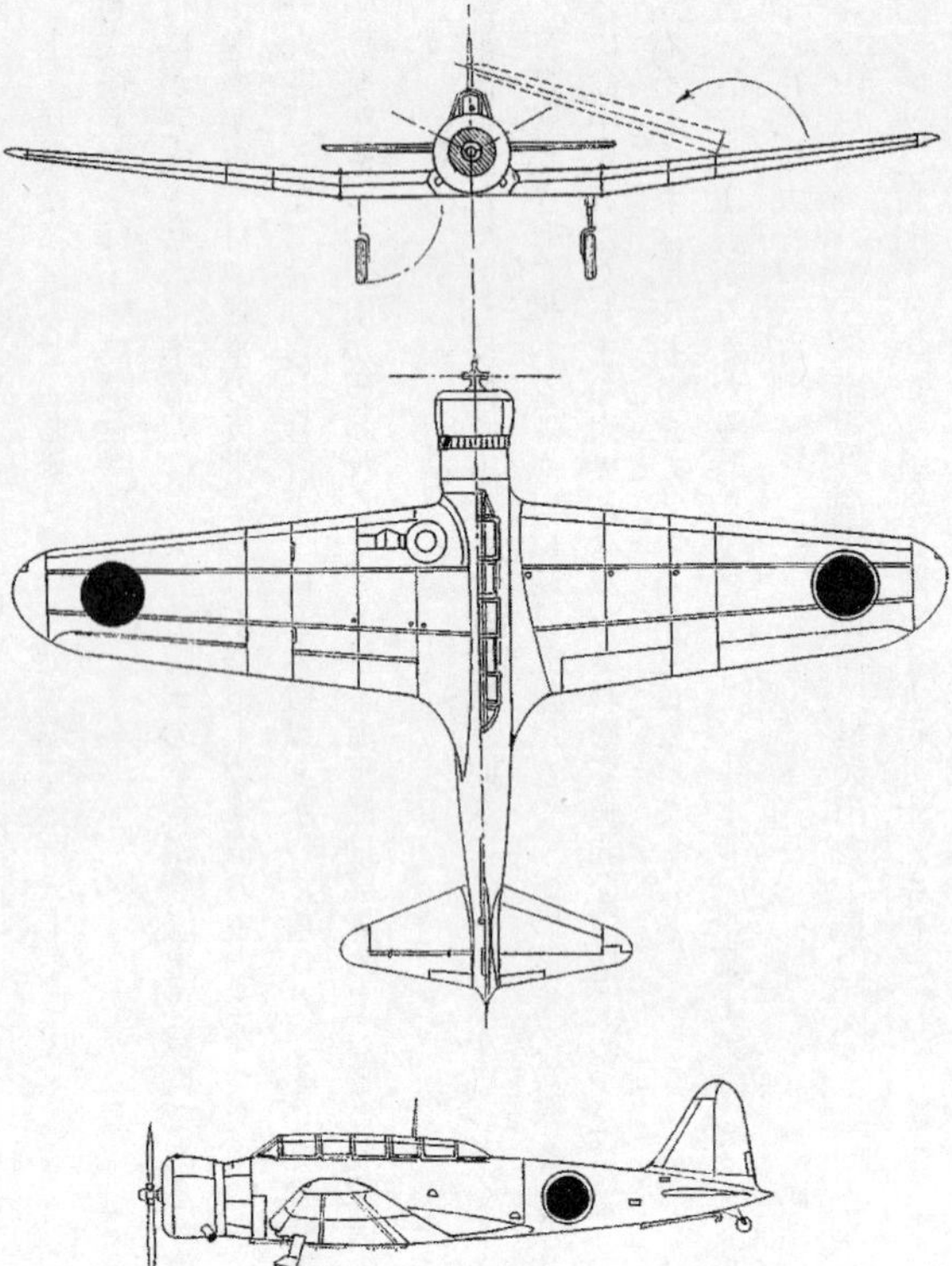

第48図　九九式艦上爆撃機

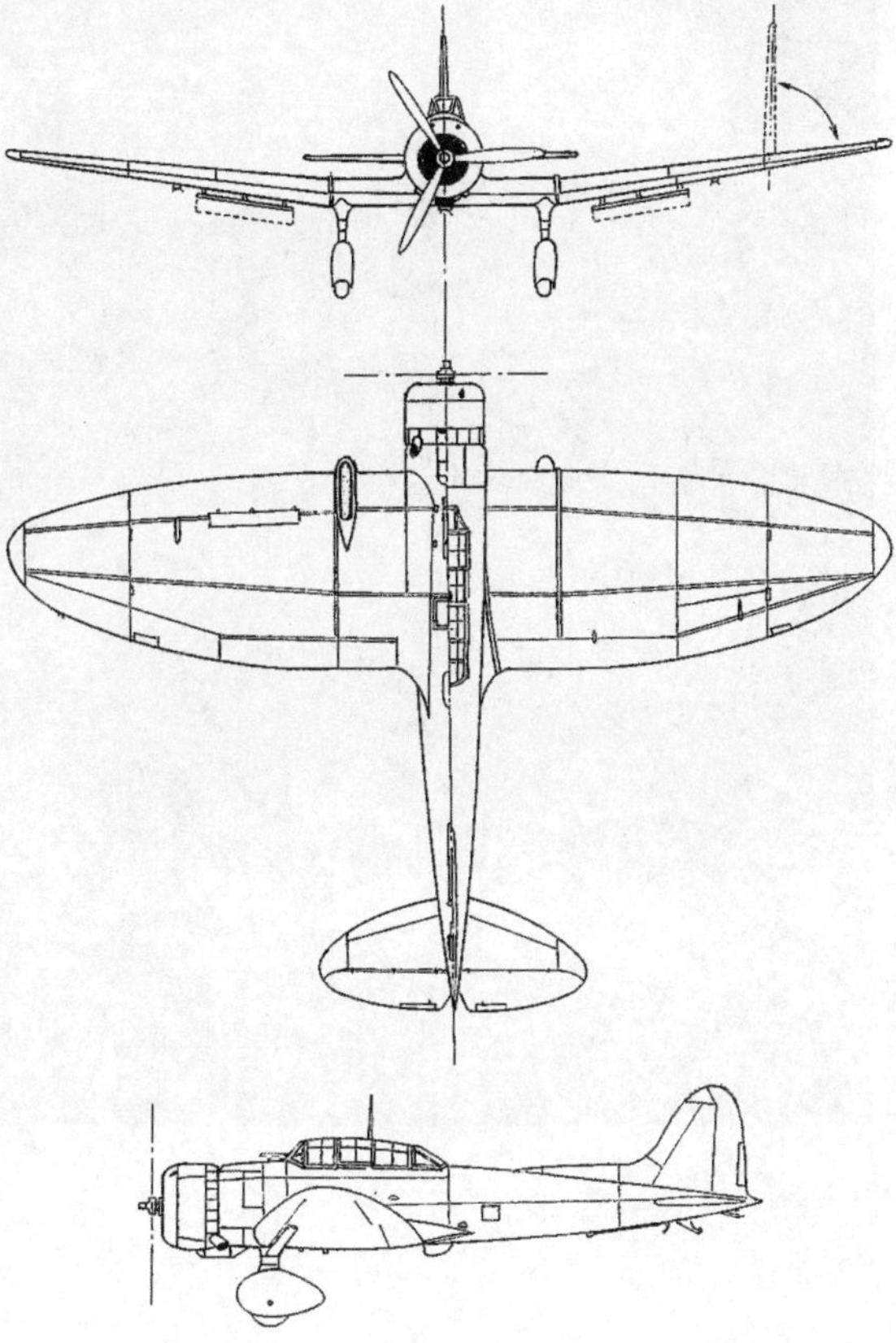

（上）九七式艦上攻撃機、（下）九九式艦上爆撃機

㈡、九九式艦上爆撃機（愛知航空機）

愛知航空機が開発した日本最初の全金属製単葉の艦上爆撃機であるが、脚は固定脚であった。主翼の平面形は開発の参考にしたドイツのハインケル社の機体の影響が見られ楕円形であった。比較的大型の機体であるが操縦性、特に急降下性能に優れた性能を示した。

一九三九年から一九四四年まで生産が続けられ、合計千四百九十二機がつくられ、日中戦争の後期から「赤城」と「加賀」の主力艦上爆撃機の地位にあり、太平洋戦争では緒戦から一九四三年まで、全ての日本海軍機動部隊の唯一の艦上爆撃機として数々の戦果を挙げた。

主翼は先端から三メートルの位置で折りたたまれる構造になっていた。

全幅十四・四（主翼折りたたみ時：八・六）メートル、全長十・二メートル

自重二千六百十八キロ

エンジン：三菱金星五四型、空冷複星型十四気筒（最大出力千三百馬力）

最高速力：時速四百二十八キロ、航続距離：千三百五十三キロ

武装：七・七ミリ機銃二梃（前方固定）、同一梃（後方旋回）

爆弾：三百七十キロ

第６章　航空母艦「赤城」と「加賀」の戦歴

航空母艦の運用

一九二七年（昭和二年）三月に「赤城」が完成した当時の日本海軍は、五年前に最初の航空母艦「鳳翔」が完成していたとはいえ、航空母艦を戦闘時にいかに運用すべきかについて明確な方針が定まっていなかった時であった。ましてや航空母艦を集団で運用する機動部隊などという戦法はまったく思考の中にはなかったはずで、航空母艦を少なくとも艦隊に一隻または二隻単位で随伴させ、敵艦隊に対する先制攻撃方法の一つの手段として運用するのが、もっとも効果的な運用法と考えていたのであった。これはイギリス海軍の航空母艦運用戦術の柱でもあった。

この頃の日本海軍にとってまず実施しなければならなかった課題は、航空母艦で使う航空機部隊の育成であった。「赤城」も完成すると直ちに搭載すべき飛行機部隊の訓練を開始することになった。そして時には航空母艦を加えた艦隊同士の海軍大規模演習にも参加することになった。

一九三二年（昭和七年）早々に上海事変が勃発したが、この戦闘は極めて局地的な戦闘で短期間で終わったが、「赤城」に続いて完成した「加賀」は「鳳翔」とともに、この事変に航空機を使った上陸部隊の上陸支援作戦に参加している。日本海軍最初の固定甲板型航空母艦を使った作戦参加であった。

ここで上海事変から始まる航空母艦「赤城」と「加賀」の戦闘記録を紹介してみたい。

完成から日中戦争までの戦闘記録

「赤城」は一九二七年三月の完成と同時に連合艦隊付属の軍艦となり飛行訓練に務め、同時に他の艦艇が加わる大規模演習などに参加していた。そして翌年三月に「加賀」が完成しひととおりの訓練が終了すると、一九二九年（昭和四年）には「鳳翔」「赤城」「加賀」の三隻で第一航空戦隊を編成し、実戦に見立てたより厳しい各種訓練が展開されることになった。

一九三二年一月に上海事変が勃発すると、第一航空戦隊は「鳳翔」と「加賀」の二隻で上陸部隊の航空支援作戦に投入されることになった。この時「赤城」は通信施設や艦内の通風設備の改善工事のために横須賀海軍工廠に入渠中で、戦闘には参加していない。

上海事変の勃発と同時に「加賀」は「鳳翔」とともに上海沖に進出、揚子江河口沖の馬鞍群島付近に展開し海軍陸戦隊の上海上陸作戦部隊の上陸支援作戦を展開した。この時は搭載航空機による地上攻撃を行なうと同時に、敵地上空へ航空機を派遣し敵側に対する威圧行動も作戦の一つとなっていた。しかし上海事変は短期間で終了し艦上機の活躍は短かった。

その後「加賀」は一九三三年（昭和八年）十月より佐世保海軍工廠で一段飛行甲板への大規模改造工事を開始した。そして二年後に大改造工事が終わると同時に、入れ違いに今度は「赤城」の一段飛行甲板への大改造工事が同じく佐世保海軍工廠で開始された。

一九三七年（昭和十二年）七月に日中戦争が勃発すると、「加賀」は「鳳翔」とともに上海沖を中心とする東シナ海に派遣され、上陸部隊の輸送船団の護衛や上陸部隊の上陸地点を中心とする上空警戒や揚子江周辺での航空機による地上攻撃などを展開した。

この時両航空母艦は上海沖に遊弋し、艦上戦闘機と艦上攻撃機を適宜出撃させ敵地上施設の爆撃や、揚子江下流域の敵艦艇の攻撃、さらに小規模ながらさらに上流の南京爆撃などを展開した。

十月からは作戦海域が中支沿岸海域から南支沿岸海域方面に移動し、地上作戦の上空支援を展開している。その後戦線の海岸から奥地への展開にともない、翌年十一月には航空母艦からの航空支援作戦を終了し、航空母艦部隊は日本に帰還、以後は艦載機部隊は機種の交換を含め錬度向上に努めることになった。

次に上海事変から日中戦争期間の「赤城」と「加賀」の主な作戦状況を紹介する。

上海事変

一九三二年（昭和七年）一月初めに上海で日本の僧侶が殺害されたことが事変勃発の発端であった。日本海軍は上海駐留の海軍陸戦隊（一個大隊規模）を援護するために、軽巡洋艦で編成された第三戦隊と第一水雷戦隊、そして航空母艦「加賀」と「鳳翔」で編成された第一航空戦隊で第三艦隊を編成し、急遽上海沖方面へ出動させた。

上海沖に到着した第一航空戦隊は、一月三十一日に航空母艦「加賀」から艦上攻撃機十七機を出撃させ、敵地偵察と敵側に対する上空からの威圧飛行を展開した。この時には爆弾投下などの攻撃は行なわれていない。

この行動は固定式飛行甲板から艦上機が敵地に向けて出撃した世界最初の事例であった。

上海事変当時の航空母艦「加賀」の搭載機は、三式艦上戦闘機十六機、一三式艦上攻撃機二十八機の合計四十四機であった

二月四日、「加賀」から出撃した艦上攻撃機十機が呉淞要塞の攻撃に向かった。この時各艦上攻撃機は小型爆弾（三十キロ）六発を搭載し、目標に低空からの水平爆撃を行なった。この爆撃は世界最初の艦上機による敵地攻撃となった。

翌五日、「加賀」を出撃した艦上攻撃機二機は同じく「加賀」を出撃した艦上戦闘機三機

第49図　上海事変時の航空母艦作戦状況

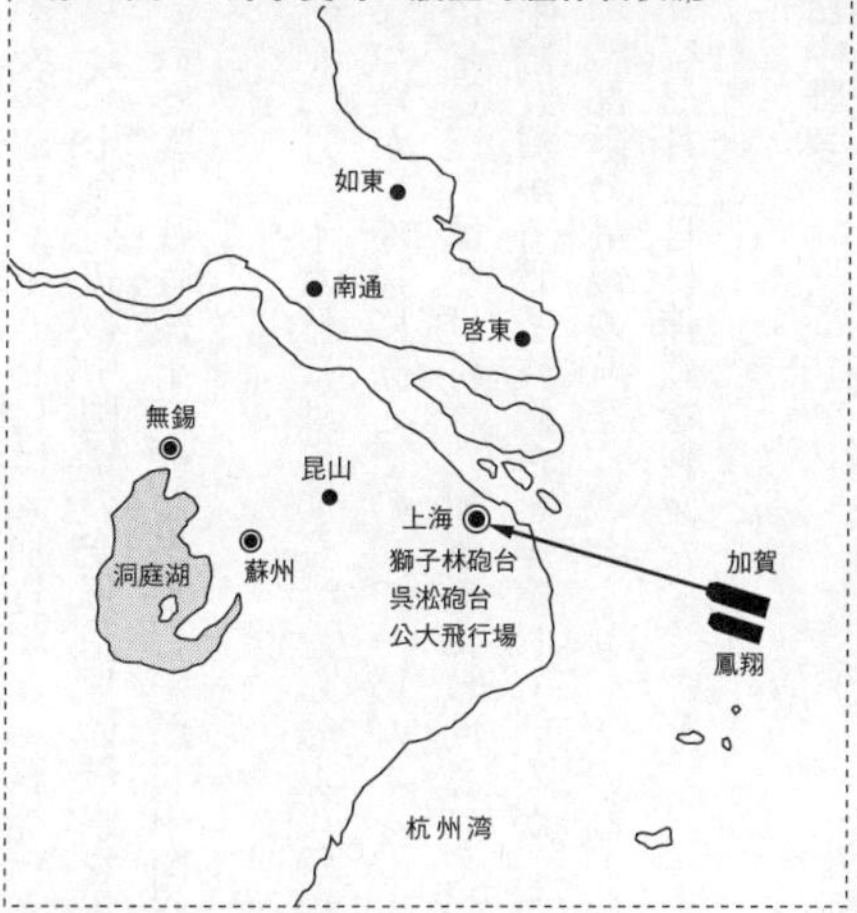

に援護され上海郊外にある真茹無線局を爆撃した。この爆撃の際に艦上攻撃機一機が敵の地上砲火によって撃墜されるという事態が出来した。この損害は当然ながら艦載機が砲火によって撃墜された世界最初の記録である。

この戦闘に際し中国空軍は複葉偵察機九機（ヴォートシコルスキー・コルセア＝初代）を出撃させてきたが、同時に出撃していた「鳳翔」の艦上戦闘機一機と中国機一機の間で空中戦が展開された。この時双方に損害はなかったが、これも世界最初の艦上戦闘機による空中戦として記録されることになった。

なお上海事変に参加した一三式艦上攻撃機の搭載した爆弾はすべて三十キロ爆弾で、各機体はこれを胴体下に六発搭載した。

二月八日に海軍陸戦隊一個大隊と陸軍部隊一個旅団が呉淞への上陸作戦を展開したが、この上陸作戦に際し「加賀」と「鳳翔」から合計十五機の艦上攻撃機が出撃し、呉淞砲台群や上陸地点付近の爆撃を行なった。

その後二月二十三日には「加賀」と「鳳翔」から艦上攻撃機十八機と艦上戦闘機十二機が出撃し、上海周辺の中国軍の空軍基地の爆撃を実施した。この時「加賀」からは艦上攻撃機十二機と艦上戦闘機十二機が出撃したが、中国空軍飛行場の格納庫や付属施設が爆撃目標となった。

続く二月二十六日には「加賀」から艦上攻撃機九機が出撃し、杭州周辺の飛行場の爆撃を行なったが、帰途に際しその中の一機がエンジン故障で母艦付近の海上に不時着した。しかし搭乗員三名は駆け付けた駆逐艦に救助されている。そして翌二十七日には「加賀」の艦上攻撃機五機が、獅子林砲台を爆撃しているが、この爆撃行動が上海事変における日本海軍航空母艦部隊の最後の航空作戦となり、その後の両国間での事変不拡大の方針に従った交渉により、三月三日に停戦を迎えた。

日中戦争

日中戦争が勃発した時、「赤城」は一段式飛行甲板化への改造工事中であった。この時日本海軍は航空母艦を中心とする二つの航空戦隊を編成していた。第一航空戦隊は「鳳翔」と同じく小型航空母艦の「龍驤」で編成され、第二航空戦隊は「赤城」と「加賀」で編成されていた。しかし「赤城」が不在のために第二航空戦隊は「加賀」単艦の戦隊となっていた。

日中戦争が勃発するとこの二つの航空戦隊には出撃命令が下り、「加賀」も単艦で上海沖に向かった。

一九三七年（昭和十二年）八月十四日、「加賀」は揚子江河口東方沖に到着すると、翌十五日から航空作戦を開始した。

昭和9年頃、多数の一三式艦攻を搭載する「赤城」

この日「加賀」から第一次攻撃隊として艦上攻撃機と艦上爆撃機合計四十五機が出撃した。日本海軍最初の航空母艦からの大量出撃である。

攻撃目標は南京飛行場、広徳飛行場そして蘇州飛行場であった。この三ヵ所の目標に向かった攻撃隊は次のとおりであった。

南京飛行場　　八九式艦上攻撃機　　十三機
広徳飛行場　　八九式艦上攻撃機　　十六機
蘇州飛行場　　九四式艦上爆撃機　　十六機

この攻撃に対し中国空軍も迎撃態勢を取っていた。広徳飛行場に向かった十六機の八九式艦上攻撃機は、上空が視界不良のために目標を広徳飛行場の南東に位置する筧橋飛行場に変更した。この時同飛行場の上空には中国空軍のカーチス・ホーク戦闘機約二十機が待機していた。艦上攻撃機の投弾が終わった直後に、敵戦闘機が攻撃部隊に襲いかかってきた。

この奇襲により八九式艦上攻撃機六機が撃墜され、二機が帰途海上に不時着した。最初の攻撃行動で合計八機の艦上攻撃機の損害は「加賀」航空隊にとっては厳しい痛手であった。この時「加賀」からは護衛の戦闘機は出撃していなかった。敵の航空戦力を侮った完全な作戦の失敗であった。

この損害の反省から「加賀」の航空隊は敵側戦闘機の優秀性を悟り、直ちに搭載していた九〇式艦上戦闘機より格段に性能の優れた最新鋭の九六式艦上戦闘機の応援を航空本部に求めたのであった。これに対し航空本部は直ちに態勢を整えた新型戦闘機を「加賀」に送り込むことになった。そしてこれら九六式艦上戦闘機は九州より長駆東シナ海をわたり「加賀」に搭載された。

八月十七日、「加賀」から十二機の八九式艦上攻撃機が出撃した。攻撃目標は上海周辺の鉄道施設であった。そしてこの日以後、「加賀」からは連日、艦上攻撃機と艦上爆撃機が出撃し、上海周辺の各種の施設の攻撃を展開した。

八月二十三日には陸軍部隊が呉淞海岸に上陸作戦を敢行したが、この時「加賀」からは艦上戦闘機が出撃し上陸地点上空の警戒を行なった。

一連の初期作戦が終了すると、「加賀」は一旦佐世保軍港に帰還し整備と補給、そして機材の補充を行なった。そして九月十四日には再び揚子江河口沖にもどり航空作戦を実施することになった。

「加賀」航空隊の次の航空作戦は、南京周辺の航空基地や地上軍用施設に対する艦上攻撃機と艦上爆撃機による精密爆撃であった。この作戦を展開するに際してはすでに地上基地の海軍航空隊が、上海西方の公大飛行場に進出していたが、この作戦をより大規模に展開するために基地航空隊は「加賀」に対し、艦上攻撃機と艦上戦闘機の陸上基地への派遣応援を求めてきた。

この要請に対し「加賀」からは九六式艦上戦闘機十五機と九六式艦上攻撃機十二機を公大基地に送り込んできたのである。「加賀」としても洋上から南京周辺の目標までは片道四百五十キロもあり、行動半径としては限界に近いために陸上基地を使っての作戦の展開は有利であったのだ。

南京周辺施設に対する大規模爆撃行動は九月十九日から展開された。この日に公大飛行場から出撃した攻撃部隊は、艦上戦闘機三十六機、艦上爆撃機十二機、艦上攻撃機五十四機の合計百二機という一大航空作戦となった。そしてこの作戦には「加賀」から派遣された全機が参加した。

この日、南京上空には中国空軍の戦闘機（カーチス・ホークおよびボーイング281戦闘機）約四十機が在空し、日本の航空攻撃に備えていた。

第50図　日中戦争時の航空母艦作戦状況

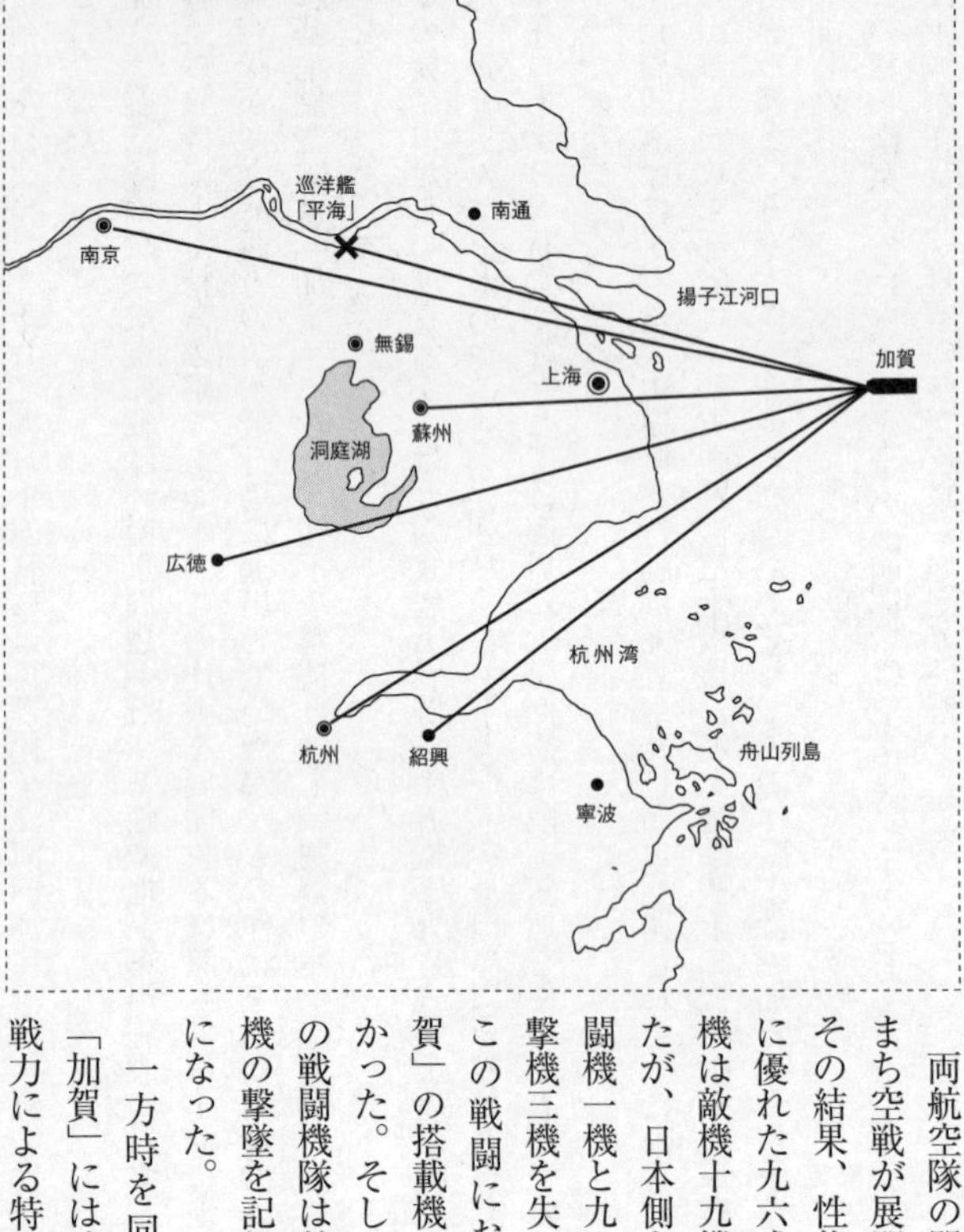

両航空隊の間ではたちまち空戦が展開された。その結果、性能の圧倒的に優れた九六式艦上戦闘機は敵機十九機を撃墜したが、日本側も九六式戦闘機一機と九六式艦上爆撃機三機を失った。ただこの戦闘における「加賀」の搭載機の損害はなかった。そして「加賀」の戦闘機隊は敵戦闘機三機の撃墜を記録することになった。

一方時を同じくして「加賀」には残った航空戦力による特別航空作戦

南支方面で行動する「加賀」と九六式艦攻

の任務が下った。この時点での「加賀」の残存航空戦力は次のとおりであった。

九六式艦上戦闘機　十六機
九六式艦上攻撃機　二十二機
九六式艦上爆撃機　十四機
合計五十二機

九月二十三日、「加賀」の攻撃隊には揚子江河口より上流の江陰付近に停泊している中国海軍の軽巡洋艦「平《ピン》海《ハイ》」の攻撃命令が下された。

この作戦に対し「加賀」からは九六式艦上戦闘機四機の援護の下に九六式艦上爆撃機八機、九六式艦上攻撃機八機の合計二十機が出撃した。

この攻撃で「平海」は直撃弾三発（いずれも六十キロ爆弾）と至近弾多数を受けた。これにより「平海」は機関部を損傷し行動不能となった。同艦はその後至近弾による船底の破損個所からの浸水により艦尾が着底し放棄された。

「平海」は後に日本側が浮揚し、日本の海軍工廠で改装工事を受け日本海軍の軽巡洋艦「八十島」として活躍したが、一九四四年十一月、ルソン島西岸で戦没した。

「加賀」はその後一旦佐世保軍港に帰還し整備や補給を行ない、引き続き南支方面の沿岸攻撃などの作戦に従事し、一九三八年(昭和十三年)十月の陸軍部隊の香港東北方のバイアス湾(大亜湾)上陸作戦の支援を行なった後佐世保に帰還している。

この頃の中国戦線の日本軍はすでに沿岸から隔たった地点に進行しており、航空母艦からの航空作戦の必要性はなくなっており、航空母艦戦力は全て日本に帰還することになったのである。

「加賀」はその後、実戦活動中に判明した各種の不具合箇所の改造や整備がすすめられ、修理完了後は一時海南島上陸作戦に参加した後は日本本土での航空部隊の訓練に専念することになった。

なお「赤城」の一段化飛行甲板の改造が終了したのは一九三八年九月で、所属飛行部隊の錬成の後翌年二月中旬から四月上旬にかけて中支沿岸方面で航空作戦を展開したが、本格的な航空作戦ではなく短期間の行動の後日本に帰還し、以後は「加賀」と同様に所属航空部隊の錬度向上に努めることになった。

真珠湾攻撃

単冠湾における「赤城」と後続の「加賀」

　太平洋戦争勃発時の日本海軍は十隻の航空母艦を保有し、次の航空戦隊を編成していた。

第一航空戦隊「赤城」「加賀」
第二航空戦隊「飛龍」「蒼龍」
第三航空戦隊「瑞鳳」「鳳翔」
第四航空戦隊「龍驤」「春日丸」（後の「大鷹」）
第五航空戦隊「瑞鶴」「翔鶴」

　この中の第一、第二および第五航空戦隊の六隻の航空母艦が真珠湾奇襲作戦に参加することになった。
　目標の真珠湾はハワイ諸島の中のオアフ島にあり、アメリカ太平洋艦隊の基幹海軍基地で、ここに在泊する太平洋艦隊の艦艇群と同島内の陸海軍航空基地のすべてに奇襲攻撃をかけ、一気に太平洋艦隊の主力を壊滅し、以後の東南アジア方面に対する侵攻作戦を有利に展開しようとするものであった。
　この六隻の航空母艦に搭載された航空機は合計三百八十七機で、内訳は零式艦上戦闘機百八機、九七式艦上攻

第51図　真珠湾攻撃時の機動部隊位置図

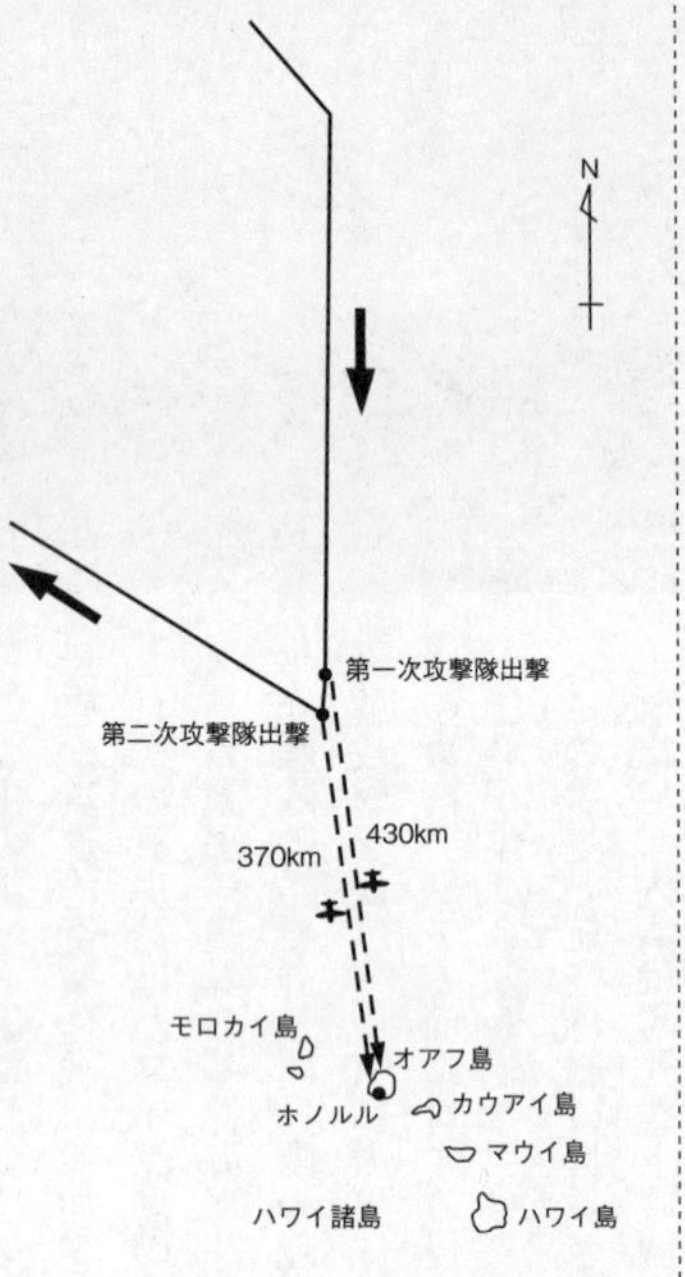

撃機百四十四機、九九式艦上爆撃機百三十五機であった。

この六隻の航空母艦を基幹とする機動部隊は、戦艦二隻、重巡洋艦二隻、軽巡洋艦一隻、駆逐艦十一隻、潜水艦三隻、給油艦八隻より編成されていた。世界最初の航空母艦の集団投入による機動部隊であった。

以後この機動部隊方式による海上航空作戦は海上戦闘の極めて有効な戦闘方式として、アメリカ海軍やイギリス海軍も同じ手法を採用するようになったのである。

千島列島の択捉島の中央南側に位置する単冠湾に集結したこの機動部隊は、一九四一年十一月二十六日に同地を出撃し一路ハワイ諸島をめざした。機動部隊は敵に察知されることを防ぐために、出撃後は商船の多い北太平洋航路を避け針路を東にとり進んだ。そして出撃七日後の十二月三日に諸艦艇の洋上給油を終えると針路を東南にとった。そして四日後の十二月七日にハワイ・オアフ島の真北の位置で針路を真南にとり一路南下、日本時間十二月八日未明に機動部隊がオアフ島の真北二百三十カイリ（約四百三十キロ）の位置に達した時、第一次攻撃隊百八十三機の出撃が開始された。そして約一時間後の二百カイリ（約三百七十キロ）の位置に達した時に第二次攻撃隊百七十一機の出撃が開始された。

この二次にわたる攻撃隊の中で「赤城」と「加賀」から出撃した攻撃隊は次のとおりであった。

第一次攻撃隊

「赤城」　零式艦上戦闘機　九機
　　　　九七式艦上攻撃機　二十七機
　　　　　　　　合計三十六機

「加賀」　零式艦上戦闘機　九機
　　　　九七式艦上攻撃機　二十六機
　　　　　　　　合計三十五機

「赤城」と「加賀」の攻撃機の中の二十四機は八百キロ魚雷を搭載し、二十九機は八百キロ徹甲爆弾を搭載しており、いずれも停泊しているであろう戦艦や航空母艦の攻撃が目的であった。

第二次攻撃隊

「赤城」　零式艦上戦闘機　九機
　　　　九九式艦上爆撃機　十八機
　　　　　　　　合計二十七機
「加賀」　零式艦上戦闘機　九機
　　　　九九式艦上爆撃機　二十七機
　　　　　　　　合計三十六機

両航空母艦の艦上爆撃機のすべては艦船攻撃用の二百五十キロ爆弾を搭載し、在泊している艦船に対する急降下爆撃を実施する計画であった。二次にわたる合計三百五十四機の攻撃で、この日真珠湾に在泊の多数の艦艇が大損害を受けたのである。

その内容は、

撃沈
戦艦　四隻（うち二隻は後に浮揚。修理後戦線復帰）
敷設艦　一隻
標的艦　一隻（旧式戦艦）
大・中破
戦艦　四隻（修理後戦線復帰）

軽巡洋艦　三隻
駆逐艦　三隻（うち二隻は損害の程度が激しく二隻を一隻に修復）
水上機母艦一隻
工作艦　一隻

これに対する日本側の損害は合計二十九機（零式艦上戦闘機九機、九九式艦上爆撃機十五機、九七式艦上攻撃機五機）であった。この出撃で「赤城」の搭載機の損害は五機（零式艦上戦闘機一機、九九式艦上爆撃機四機）であったのに対し、「加賀」の搭載機の損害は十五機（零式艦上戦闘機四機、九九式艦上爆撃機六機、九七式艦上攻撃機五機）と、参加航空母艦の損害の半数を出すという大きな損害を被ることになった。

この攻撃の結果、アメリカ太平洋艦隊の戦艦隊の戦力は約二年半にわたりほぼ半減し、陸軍航空隊の航空戦力も一時的には減少したが、アメリカの工業生産の実力は日本陸海軍首脳部の想像を大幅に超えており、この打撃もほんの一時の効果しかなかったのである。それよりも日本海軍がもくろんでいた敵航空母艦に対する攻撃が空振りに終わったことは、その後の太平洋の海戦で日本側に大きな影響をおよぼすことになったのである。

ソロモン諸島攻略作戦

日本陸海軍は開戦前に既存の前進基地以外に、東南太平洋の遠隔の地にさらなる前進基地を構築する必要があると判断していた。その最優先の地点としてトラック島の南約千キロの位置から東南に向けて、約千四百キロにわたり点在するソロモン諸島およびビスマルク諸島を選定していた。そしてその占拠拠点としてニューブリテン島のラバウル、ニューアイルランド島のカビエンを選定していた。

日本陸軍はこの前進基地の占領のための攻略部隊を、早くも開戦と同時に日本を出発させていた。その戦力は歩兵一個連隊(約三千名)、山砲中隊、工兵大隊などで編成され、大量の武器、弾薬、糧秣、施設材料などとともに九隻の輸送船で送り出した。この輸送隊の護衛戦力は軽巡洋艦一隻、駆逐艦六隻、敷設艦二隻、給油艦六隻であった。

この攻略作戦には海軍航空戦力も協力することになっており、上陸作戦に先立ち攻略地点周辺の航空攻撃を展開する計画であった。

四隻の航空母艦(赤城、加賀、翔鶴、瑞鶴)と戦艦二隻、重巡洋艦二隻、軽巡洋艦一隻、駆逐艦九隻、給油艦六隻で編成された機動部隊は一路ソロモン諸島北部海域に向かった。

上陸部隊は一九四二年一月二十三日に上陸作戦開始の予定であるが、それよりも三日早い一月二十日に四隻の航空母艦から、上陸地点周辺へ先制攻撃をかけるべく航空部隊が出撃した。

出撃した攻撃部隊は零式艦上戦闘機二十四機、九七式艦上攻撃機四十七機、九九式艦上爆撃機三十八機の合計百九機であった。この時「赤城」からは戦闘機九機、艦上攻撃機二十機、

「加賀」からは戦闘機九機、艦上攻撃機二十七機が出撃している。

この時の主な攻撃目標はニューブリテン島の要衝であるラバウルで、ラバウルには小規模なオーストラリア陸海空軍部隊が駐留していたことは判明していた。そのために攻撃対象はオーストラリア空軍が使用している飛行場とその施設、市街地の軍事施設、防空砲台、ラバウル湾内に停泊中の艦船であった。

この日のラバウル飛行場にはオーストラリア空軍の数機の練習機が在地し、湾内には一隻の小型貨物船が停泊しているだけであった。

有り余る攻撃部隊の航空機は目標となるべき対象物を捜しだし投弾するだけで、大きな戦果を得るべくもなく攻撃は終了した。

翌日、今度はニューブリテン島の北側に長く横たわるニューアイルランド島の要衝カビエンの航空攻撃を実施した。この日「赤城」からは艦上戦闘機九機、艦上爆撃機十八機が、一方の「加賀」からは艦上戦闘機九機、艦上爆撃機十六機が出撃したが、この地の攻撃目標はラバウルよりもさらに少ないものであった。両航空作戦も敵の反撃は皆無で、両航空母艦搭載の艦載機の損害も皆無であった。

オーストラリア・ポートダーウィン攻撃

日本陸軍は一九四二年二月にジャワ島の東方に位置するチモール島の攻略を計画していた。

上陸作戦決行日は二月二十日の予定であった。この作戦を遂行するために連合艦隊は上陸作戦に先立ち、チモール島の東南約七百キロの位置にあるオーストラリアの拠点ポートダーウィン周辺の航空基地や同港に在泊する艦船の攻撃計画を立てた。

攻撃部隊は航空母艦四隻（赤城、加賀、蒼龍、飛龍）を中心に、重巡洋艦二隻、軽巡洋艦一隻、駆逐艦七隻で編成された機動部隊である。

攻撃の第一目標はポートダーウィン港内に在泊する艦船と港湾設備で、第二目標はダーウィン市郊外に点在する航空基地であった。

実は偶然ではあるが、日本のチモール島攻略作戦展開とほぼ同時期に、オーストラリアとアメリカの両陸軍は日本軍の先手を打ってチモール島の攻略作戦を展開する予定であったのだ。戦力はオーストラリア陸軍とアメリカ陸軍の混成部隊一個連隊規模（約三千名）で、歩兵以外に野砲中隊が一個中隊含まれていた。

この米豪陸軍戦力は重巡洋艦一隻、駆逐艦一隻、護衛艦二隻に守られた四隻の輸送船に分乗し、二月十五日にポートダーウィン港を出発していた。

しかし船団が出港した翌日の二月十六日に、船団は日本海軍の哨戒機に発見されたのである。その結果この攻略部隊は一旦ポートダーウィンにもどることになり、二月十八日に船団の各艦船は港に入り、輸送船からとりあえず陸軍部隊は下船した。

この船団の旗艦はアメリカ海軍の重巡洋艦ヒューストンで、船団がポートダーウィン港に入港した直後に反転し、ジャワ島のチラチャップへ向かった。

翌二月十九日のポートダーウィン港内にはこれら船団の艦船を含め多数の艦船が在泊していたのであった。

二月十九日、四隻の航空母艦から攻撃隊が発艦した。攻撃隊の戦力は次のとおりであった。

零式艦上戦闘機　三十六機
九七式艦上攻撃機　八十一機
九九式艦上爆撃機　七十二機
合計百八十九機

この日「赤城」から出撃したのは次のとおりであった。

零式艦上戦闘機　九機
九七式艦上攻撃機　十八機
九九式艦上爆撃機　十八機
合計四十五機

一方「加賀」から出撃したのは次のとおりであった。

零式艦上戦闘機　九機
九七式艦上攻撃機　二十七機
九九式艦上爆撃機　十八機

合計五十四機

この日の攻撃では両航空母艦から出撃した攻撃隊は全攻撃隊の六十パーセントにも達する一大戦力となっていた。

この攻撃では各艦上攻撃機は八百キロ爆弾を搭載し、艦上爆撃機は二百五十キロ爆弾を搭載していた。

攻撃は午前八時十分ころにはじまった。この時オーストラリア空軍は戦闘機九機（すべてカーチスP-40戦闘機）で攻撃隊を迎撃したが、高い錬度を持った日本の戦闘機パイロットの前に、まだ実戦経験のないオーストラリア空軍のパイロットの操縦する戦闘機は全機撃墜されてしまったのである。

さらに日本海軍の戦闘機隊の一部は周辺に存在する飛行場に超低空から機銃掃射を行ない、戦闘機二機、爆撃機七機、練習機一機、水陸両用飛行艇三機の在地航空戦力のすべてを破壊したのであった。

一方艦船に対する攻撃も徹底して行なわれた。戦果は次のとおりであった。

撃沈　駆逐艦一隻、貨物船八隻、油槽船一隻

大破　護衛艦一隻、大型客船二隻、貨物船一隻

中破　水上機母艦一隻、潜水母艦一隻、特設掃海艇一隻

ポートダーウィン港攻撃は成功裡に終わった。

この後ポートダーウィンが日本軍に対する反攻準備を開始するのは一九四三年五月ころからで、主に航空部隊の戦力増強によってはじめられた。

インド洋作戦

一九四二年（昭和十七年）四月に入り、日本陸軍はタイ国よりビルマへ向けての侵攻を開始した。これはビルマ・インド方面に戦力を集中しているイギリス軍に対する攻勢作戦であった。

ただこの作戦を展開する前にこのイギリス軍に対する後方補給路を遮断しておく必要があった。その攻撃先はベンガル湾に面したインドとビルマの港湾施設と、北インド洋とベンガル湾からのイギリス輸送船群であった。

さらにこの補給作戦を支援するであろうイギリス極東艦隊のインド洋とベンガル湾からの駆逐も重要な使命であった。

この作戦は二方面作戦で実施されることになった。一つはベンガル湾沿岸の港湾攻撃と在泊および航行船舶への攻撃を実施する攻撃隊を編成し、作戦を実行すること。今一つはイギリス極東艦隊の撃滅を目的とする攻撃隊を編成し、作戦を実行することであった。

港湾および船舶攻撃隊は小型航空母艦「龍驤」を中心に、重巡洋艦五隻、軽巡洋艦一隻、駆逐艦六隻、給油艦二隻より編成されていた。

一方主力攻撃隊は航空母艦五隻（赤城、翔鶴、瑞鶴、蒼龍、飛龍）、戦艦四隻、重巡洋艦二隻、軽巡洋艦一隻、駆逐艦十一隻、給油艦六隻で編成されていた。この時航空母艦「加賀」は修理（パラオでの艦底触礁）のためにこの作戦には当初から参加していない。

この機動部隊の第一の攻撃目標は、イギリス極東艦隊の拠点であるセイロン島のコロンボ港とツリンコマリ港の二ヵ所であった。

一九四二年三月末のイギリス極東艦隊の総戦力は、航空母艦三隻（インドミタブル、フォーミダブル、ハーミーズ）、戦艦五隻、重巡洋艦二隻、軽巡洋艦五隻、駆逐艦十一隻よりなる強力な艦隊であった。

この時期イギリス極東艦隊は、日本海軍の機動部隊のベンガル湾およびインド洋方面への侵攻を予測しており、全戦力をセイロン島の拠点からインド洋北部に点在するイギリス海軍の秘匿基地、アッズ環礁に移動させていた。そしてこの地で各艦艇の補給をすませ、来襲してくるであろう日本海軍の機動部隊に備えていた。

予測どおり日本海軍の機動部隊はまずセイロン島の拠点港に対する攻撃を開始した。一九四二年四月五日、機動部隊の五隻の航空母艦から攻撃隊の航空機百二十八機が出撃しコロンボ港に向かった。戦力は次のとおりであった。

零式艦上戦闘機　三十六機
九七式艦上攻撃機　五十四機

九九式艦上爆撃機　三十八機
この時「赤城」からの出撃は次のとおりであった。
零式艦上戦闘機　　九機
九七式艦上攻撃機　　十八機
合計二十七機

イギリス側はこの日の日本攻撃隊の来襲を予測しており、コロンボ周辺の基地から合計四十六機の戦闘機を出撃させ、セイロン島南岸沖の上空に待機させていた。その戦力の内訳はホーカー・ハリケーン戦闘機三十六機、フェアリー・フルマー艦上戦闘機十機であった。

一方日本海軍の攻撃隊も敵戦闘機の待ち伏せをあらかじめ予期し、迂回行動をとり全力がコロンボ上空に達し、直ちに港に在泊する艦船や付近の空軍基地に対する攻撃を開始した。しかしこの時コロンボ港はイギリス極東艦隊が退避した後でもぬけの殻であった。それでも駆逐艦一隻、特設巡洋艦一隻を撃沈し、貨物船一隻を大破する戦果を挙げた。

ところがこの攻撃の最中に急報を受けたイギリス戦闘機群がコロンボ上空に戻って来たのだ。そして攻撃中の艦上爆撃機に戦闘機が殺到し、六機の九九式艦上爆撃機が撃墜されたが、途中から零式艦上戦闘機が駆けつけ、一大空中戦が展開されたのである。その結果、零式艦上戦闘機一機の損害は出したが、ハリケーン戦闘機十四機とフルマー艦上戦闘機一機を撃墜したのであった。この時「赤城」の出撃機に損害はなかった。

母艦航空隊が各航空母艦に帰還した直後に、巡洋艦から洋上偵察に出撃していた水上偵察機から、「敵巡洋艦らしきもの二隻発見」という緊急無電が入った。

この二隻の巡洋艦は中東方面からコロンボに向かうオーストラリア陸軍部隊を輸送する二隻の輸送船を護衛するために会合地点に向かっているところであった。

この緊急無電に対し機動部隊は直ちに反応した。航空母艦「赤城」「蒼龍」「飛龍」から待機中の艦上爆撃機合計五十三機が出撃した。この時「赤城」からは十七機の九九式艦上爆撃機が出撃した。各機は二百五十キロ爆弾を搭載していた。

二隻の巡洋艦はイギリス極東海軍の重巡洋艦コーンウォールとドーセットシャーであった。位置はコロンボの南西四百八キロの地点で、イギリス戦闘機の行動半径外であった。

五十三機の艦上爆撃機は二手に分かれて二隻に殺到した。この時の爆弾命中率は驚異的であった。重巡洋艦ドーセットシャーには「赤城」と「蒼龍」の艦上爆撃機三十五機が殺到し、コーンウォールには「飛龍」の艦上爆撃機十五機が殺到した。

命中した爆弾はドーセットシャー三十一発（命中率八十六パーセント）、コーンウォール十四発（命中率九十三パーセント）であった。ドーセットシャーは攻撃開始後わずか十三分で沈没、コーンウォールも十八分で全没した。当時の日本の艦上爆撃機のパイロットの錬度がいかに高かったかを証明するものであった。

機動部隊はコロンボ攻撃の四日後の四月九日に今度はツリンコマリ港を襲った。この時の

出撃機数は、

零式艦上戦闘機　　　三十機

九七式艦上攻撃機　　九十機

合計百二十機

であった。「赤城」からは零式艦上戦闘機六機、九七式艦上攻撃機十八機が出撃した。

この攻撃隊の情報はすでにイギリスの哨戒機の情報で探知されていた。またツリンコマリに設置されていたレーダーによって来襲する日本海軍機群は探知されていたのである。

日本側のこの大編隊に対しイギリス側は、コロンボ迎撃戦の残存戦闘機の全機を出撃させて待機していた。その数はホーカー・ハリケーン戦闘機十七機とフェアリー・フルマー艦上戦闘機六機の合計二十三機に過ぎなかった。このフェアリー・フルマー艦上戦闘機は航空母艦フォーミダブルが日本機の来襲を予測し、搭載機の全機をコロンボに移していたものである。

ちなみにこのフルマー戦闘機は複座で大型の単発戦闘機で、ホーカー・ハリケーン戦闘機よりも運動性に劣り、軽快な零式艦上戦闘機と対等に空戦を挑むことはまったく不可能な機体であったのだ。

九七式艦上攻撃機は八百キロ爆弾搭載機と六十キロ爆弾六発搭載の二つに分かれており、六十キロ爆弾搭載機は地上攻撃に、八百キロ爆弾搭載機は艦船攻撃を目的としていた。

第52図　インド洋作戦時の機動部隊位置図

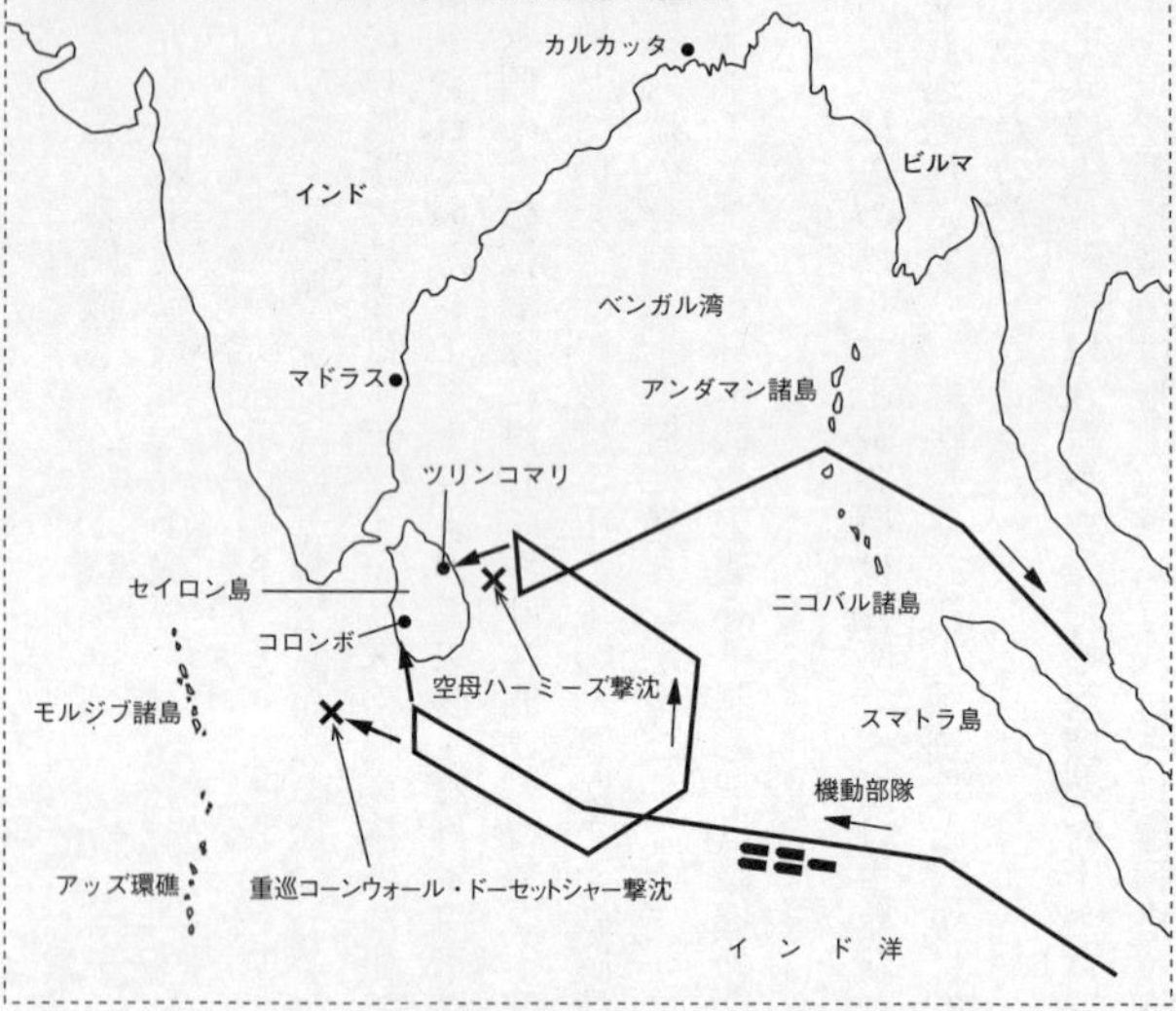

当然ながらこの日、ツリンコマリ港にはイギリス艦隊の艦艇は在泊していなかった。当日同港にいたのは貨物船一隻と砲艦一隻そして浮きドック一隻だけであった。この三隻はたちまち艦船攻撃隊の餌食となり撃沈された。一方陸上では様々な港湾設備や海軍工廠、燃料貯蔵施設などが徹底的に破壊された。

この日の空戦でハリケーン戦闘機八機とフルマー戦闘機一機を撃墜したが、日本側も零式艦上戦闘機三機が撃墜された。そしてこの日「赤城」を出撃した攻撃隊には一機の損害もなかった。

四月九日のツリンコマリ攻撃が終わり攻撃隊が帰途につく頃、洋上哨戒中の日本の水上偵察機が機動部隊の西方三百八十キロの地点に、一隻の航空母艦と一隻の駆逐艦を発見した。

　この情報に五隻の航空母艦は直ちに攻撃準備に入った。待機していた九九式艦上爆撃機四十五機と零式艦上戦闘機六機が目標に向かって一斉に出撃した。

　発見された航空母艦はイギリス極東艦隊の航空母艦ハーミーズと駆逐艦バンパイアである。しかしこの時ハーミーズには一機の航空機も搭載していなかったのだ。

　攻撃隊がハーミーズに向かっている頃、ハーミーズからは日本側偵察機による発見に続く航空攻撃を予想し、上空警戒のための戦闘機の派遣をコロンボのイギリス軍司令部に緊急要請をしていた。この戦闘機要請の電文はよほど急いでいたためか平文で、日本の機動部隊でも傍受していた。

「ハリケーン発進セシヤ」

　ハーミーズには四十五機の艦上爆撃機が殺到した。そして四十発の二百五十キロ爆弾が命中し、ハーミーズは先の二隻の重巡洋艦と同じくたちまち撃沈された。

　攻撃が終了する頃、要請されたハリケーン戦闘機九機が断末魔のハーミーズの上空に到着したが、全ては終わっていたのだ。この九機のハリケーンもコロンボとツリンコマリ空襲の迎撃戦の生き残りの戦闘機であったのだ。

　しかしイギリス側は日本の戦闘機のすきをついて四機の艦上爆撃機を撃墜することに成功

したが、援護に現われた零式艦上戦闘機の前にハリケーン二機が撃墜され戦闘は終わった。

この攻撃で「赤城」の出撃機にはまたもや損害はなかった。

ミッドウェー海戦

武勇の「赤城」と「加賀」はこの海戦が最後となり、二隻ともミッドウェー島はるか沖の深海に沈んだのである。

ミッドウェー島は日本の東南東約四千百キロの地点にある、環礁の中にある島でアメリカの領土である。

一九四二年四月十六日、アメリカ海軍の二隻の航空母艦（ホーネット、エンタープライズ）で編成された機動部隊が、ひそかに本州東方洋上に接近し航空母艦ホーネットから陸軍の双発爆撃機（ノースアメリカンB・25）十六機を出撃させた。

十六機の爆撃機は低空で東方洋上から関東地方に侵入、東京、横須賀、名古屋、神戸などに爆弾を投下、さらに一部では機銃掃射も行なわれてかなりの被害が出た。

日本側は戦争勃発と同時に本州東方洋上に多数の監視艇を配置し、アメリカ艦隊の日本接近に対し厳重な警戒態勢を敷いていた。この日、その監視艇の一隻がこの機動部隊を発見、直ちに警報を発して陸海軍防備部隊に警戒態勢をとらせようとしたが、アメリカ側が実施した航空母艦で双発爆撃機を出撃させて奇襲するという意表を衝いた攻撃方法に半信半疑となり、日本側はほとんどまともな防御態勢が取れないままに事態は終了してしまったのである。

日本の陸海軍はこの奇襲攻撃に驚愕した。この時期日本軍部は東南太平洋への侵攻作戦を拡大中であっただけに、本土防衛に対する抜本的な見直しが迫られることになった。

その柱は本土東方の太平洋上に新たな防衛ラインを設けることであった。その防衛ラインとは北太平洋のアリューシャン列島から太平洋中部のミッドウェー島にかけて、日本本土に接近するアメリカ軍勢力に対する哨戒線を構築することであり、可及的速やかにこの作戦は実行に移されることになった。そしてこの作戦はアリューシャン列島の東端の要衝であるダッチハーバーの攻撃と、ミッドウェー島に対する攻略作戦として展開することになった。

日本海軍はまずミッドウェー島の占領から作戦を実施することになった。上陸部隊は陸軍部隊であるが、上陸作戦の支援攻撃とこの作戦を阻止するであろうアメリカ海軍の航空部隊の接近に備え、四隻の航空母艦で編成された機動部隊を編成することになった。

一方上陸部隊は輸送船十三隻で編成された大部隊で、機動部隊とは別行動で進む予定であった。なおこの機動部隊は航空母艦四隻（赤城、加賀、蒼龍、飛龍）、戦艦二隻、重巡洋艦二隻、軽巡洋艦一隻、駆逐艦十二隻、給油艦五隻、補給艦三隻で編成されていた。

上陸作戦開始日は一九四二年六月七日に予定された。六月四日、ミッドウェー島の基地を発進したアメリカ空軍の哨戒機がミッドウェー島の西方約千百キロの地点で、東に向かう輸送船の大船団を発見した。しかし周辺海域には航空母艦などの航空戦力の姿は発見できなかった。

アメリカ側はこの事態に日本の航空母艦戦力を中心とする機動部隊は別の海域にあると判断し、ミッドウェー島からさらなる索敵機を出撃させたのであった。

日本側のミッドウェー島侵攻作戦はすでにアメリカ側に察知されていた。アメリカ海軍は三隻の航空母艦（ヨークタウン、ホーネット、エンタープライズ）で編成された機動部隊をミッドウェー島の東海域に進出させていた。そして六月五日の時点でこの機動部隊はミッドウェー島の東北東約三百七十キロの海域に進出していた。

この時点での日米両海軍の艦載航空機戦力は次のとおりであった。

零式艦上戦闘機八十四機、九七式艦上攻撃機九十三機、九九式艦上爆撃機八十四機の合計二百六十一機で、「赤城」は艦上戦闘機、艦上攻撃機、艦上爆撃機各二十一機の合計六十三機、「加賀」は艦上戦闘機二十一機、艦上攻撃機三十機、艦上爆撃機二十一機の合計七十二機を搭載していた。

一方アメリカ側は、グラマンF4Fワイルドキャット艦上戦闘機七十九機、ダグラスSBDドーントレス艦上爆撃機百十一機、ダグラスTBDデバステーター艦上雷撃機四十二機の合計二百三十二機を搭載していた。

またアメリカ側はこのほかにミッドウェー島の航空基地に陸軍、海軍、海兵隊の各航空隊が、ブリュースターF2A艦上戦闘機十七機、グラマンF4F艦上戦闘機七機、グラマンT

ＢＦ艦上攻撃機六機、マーチンＢ‐26爆撃機四機、ボーイングＢ‐17爆撃機十五機、コンソリデーテッドＰＢＹ哨戒飛行艇十五機など合計八十機前後の陸上機を保有していた。

一九四二年六月五日早朝、日本の四隻の航空母艦から合計百八機のミッドウェー島攻撃隊が出撃した。攻撃目標は島内の航空基地、海岸砲台、各種地上施設であった。そしてこの第一次攻撃隊の攻撃の結果に対し、第一次攻撃隊の指揮官は攻撃不十分と判断し、空母部隊旗艦に対し「第二次攻撃を必要とする」と打電したのであった。

第一次攻撃隊も敵戦闘機の激しい迎撃に遭遇し、敵戦闘機十五機を撃墜したが、日本側も艦上戦闘機二機、艦上攻撃機三機、艦上爆撃機一機の合計六機を失った。

一方アメリカ側の基地哨戒機も日本の機動部隊を発見し、様々な攻撃機や爆撃機が雷爆撃を仕掛けてきたが、機動部隊上空で警戒する日本側の戦闘機により、そのすべてが撃退されてしまった。

四隻の航空母艦の艦上では敵の機動部隊の発見に備えただちに出撃できるように、すでに艦上攻撃機は雷装を終え、また艦上爆撃機は対艦船用爆弾の搭載を終えて待機中であった。しかし「第二次攻撃の必要あり」との入電により、機動部隊攻撃に準備を整えていた攻撃部隊は直ちに魚雷を下ろし、陸上攻撃用の爆弾に換装する必要があった。四隻の航空母艦上では大混乱が始まった。

爆弾や魚雷の搭載は基本的には格納庫内で行なわれるものであり、格納庫内では爆弾や魚

第53図　ミッドウェー作戦時の両軍機動部隊位置図

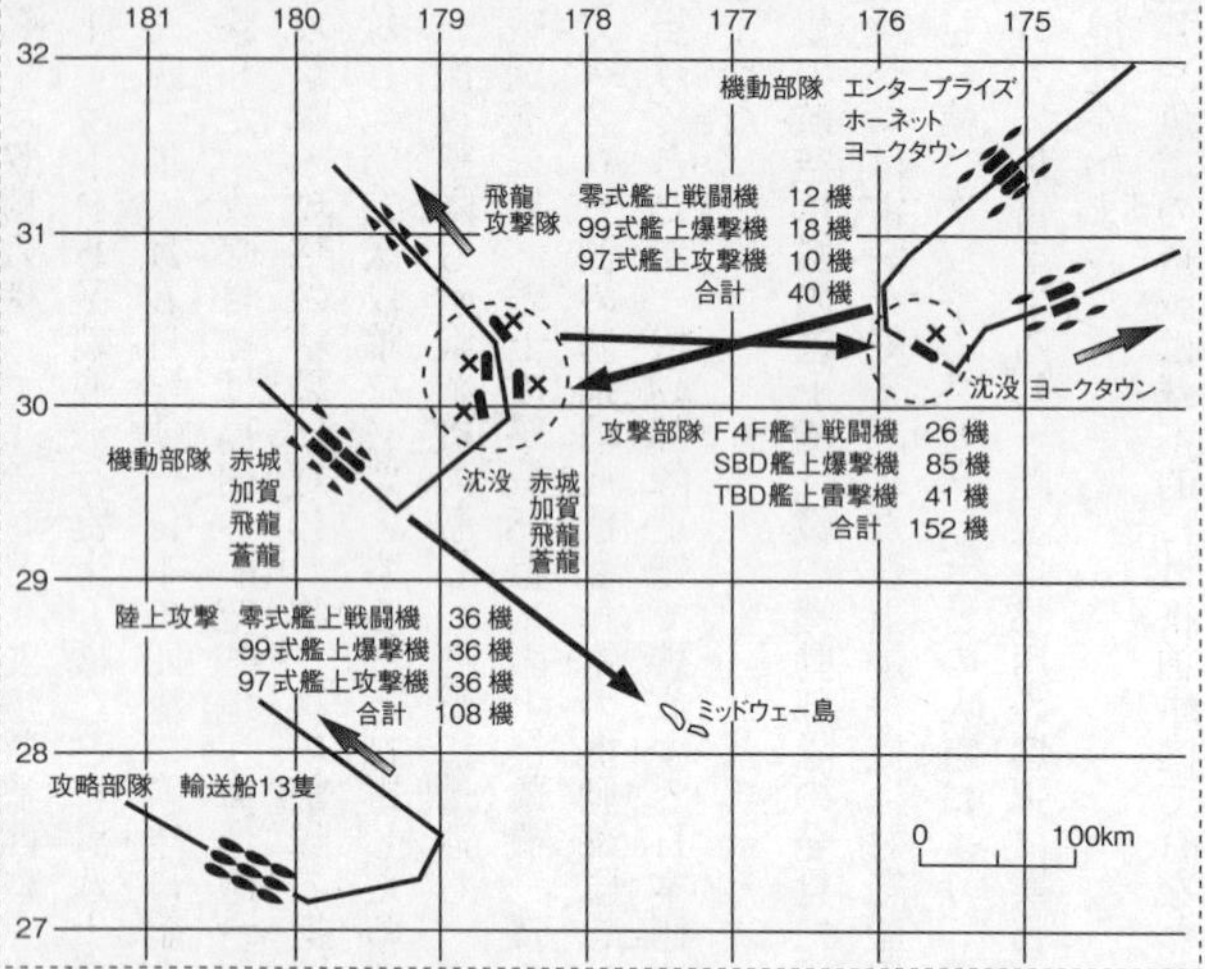

雷を搭載し待機中の機体からは直ちに陸上爆弾への交換作業が展開され、さらに飛行甲板上で敵機動部隊攻撃に待機中の各機体は直ちに飛行甲板から格納庫に下ろし、爆弾や魚雷の交換を行なわなければならなかった。しかしその最中に今度は味方索敵機から「敵機動部隊発見」の急報が飛び込んできたのだ。

　四隻の航空母艦上では、一度は艦船攻撃用の爆弾や魚雷を下ろし陸上攻撃用爆弾に交換する作業中に、今度は再び艦船攻撃用の爆弾や魚雷の装備作業に切り替えなければならなくなった。四隻の航空母艦での混乱はさらに一層激しいものとなった。

　この時、ミッドウェー島攻撃に向か

った第一次攻撃隊が帰還してきたのである。各航空母艦の飛行甲板上では着艦する機体を直ちに格納庫に下ろす作業も開始されていた。

この混乱の最中にアメリカ航空母艦を出撃した艦上雷撃機TBDデバステーター四十一機が日本の航空母艦に襲いかかろうとしたのである。しかし上空の警戒に当たっていた零式艦上戦闘機の猛攻撃の前に襲ってきた雷撃機の中の三十五機が撃墜され、四隻の航空母艦には被害はなかった。しかしこの迎撃戦は日本側に大きな隙を与えてしまったのである。

味方雷撃機の来襲に少し遅れてアメリカ側の艦上爆撃機SBDドーントレス八十五機が日本の空母部隊の上空四千八百メートルの高度で接近し、「飛龍」を除く「赤城」「加賀」「蒼龍」の三隻の航空母艦に殺到したのである。

迎え撃つべき日本側の戦闘機はすべて敵雷撃機の攻撃のために低空に降下していたために、高空から殺到する敵急降下爆撃機を迎え撃つ余裕はなかった。敵急降下爆撃機は何の妨害もなく次々と三隻の航空母艦に殺到し爆弾を投下した。投下した爆弾は日本海軍の常用の艦船用爆弾（二百五十キロ）より大型の四百五十四キロ（千ポンド）爆弾であった。

最初の急降下爆撃で「赤城」は艦橋左舷に至近弾一発、中央エレベーター付近に直撃弾一発、飛行甲板後部左舷に一発が命中した。この時「赤城」の上段と中段格納庫には雷装作業中の九七式艦上攻撃機十八機、第一次攻撃から帰還し爆装中の九九式艦上爆撃機十八機、そして弾丸や燃料補給中の零式艦上戦闘機三機が収容されていた。

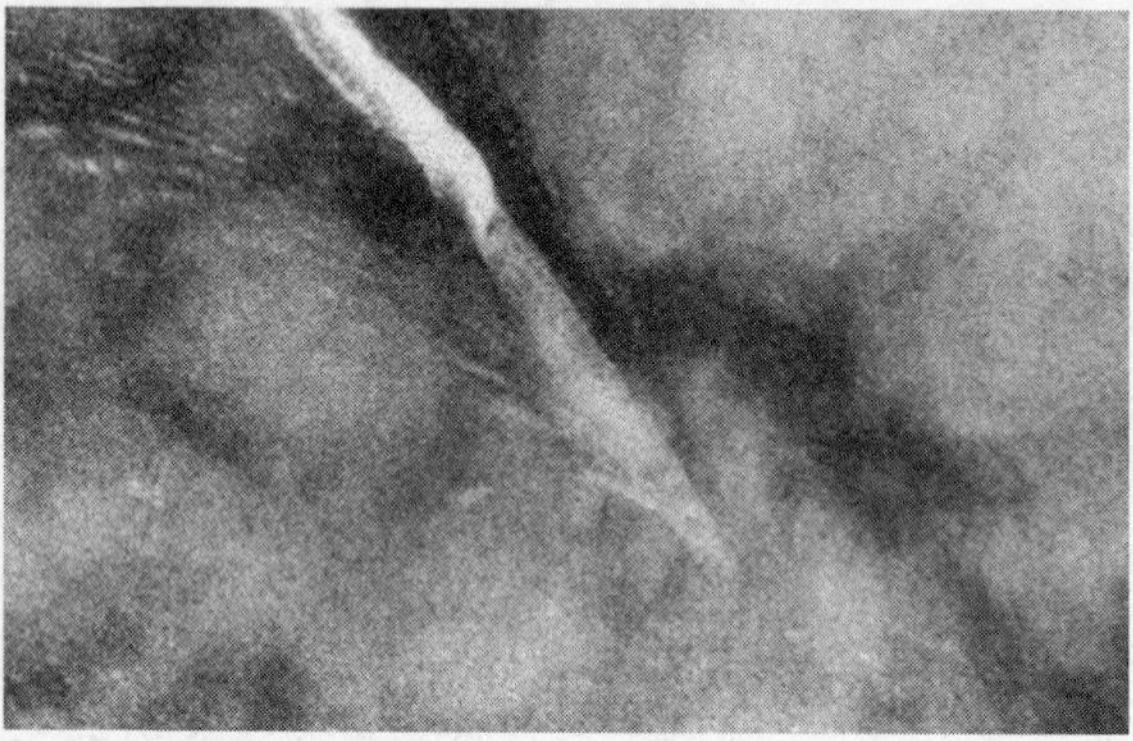
高速で回避する被弾直前の「赤城」の最後の姿

このため格納庫の中は交換作業中の爆弾が床に転がり、燃料補給用のホースが交錯している状態であった。

中央エレベーター付近に命中した爆弾は飛行甲板を貫通し、さらに上段格納庫甲板の床を貫通したところで爆発した。この爆発は転がっていた爆弾の誘爆を招き、ガソリンに引火し、上段と中段格納庫はたちまち破壊され艦内は大火災となった。

密閉式格納庫の弱点が露呈することになった。爆弾の誘爆による爆圧は逃げ場がなく、格納庫の床や壁さらにはその上を覆う飛行甲板も破壊し、艦内はもはや収集のつかない状態となった。機関室にも炎は侵入し、機関室やボイラー室からの機関科将兵の脱出は不可能な状態になっていた。

この時「赤城」には機動部隊司令長官をはじめ司令部幕僚が乗艦していたが、彼らは駆逐艦に一旦移乗し避難することになった。

今や「赤城」は全艦が炎上する凄まじい姿となって

いた。最終的には「赤城」は味方駆逐艦の魚雷で処分されたが、この時「赤城」の青木泰二郎艦長は乗組士官たちの強引な説得で一旦駆逐艦に避難していたために、生存することになったのである。

一方「加賀」も無事ではすまされなかった。第二次攻撃と続く敵機動部隊攻撃に対する準備の混乱は「加賀」も同じであった。

「加賀」の敵急降下爆撃の被害に関しては情報が混乱しており諸説あるが、おおよそ次のような状況であった。

敵急降下爆撃の攻撃を真っ先に受けたのは「加賀」であった。来襲した敵急降下爆撃機の数は三十機とされている。命中した爆弾の数も直撃弾は十発を超えていたという。爆撃後の艦内の様子はその命中数からも「赤城」の比ではないことは容易に想像される。

「加賀」は大火災に包まれ二度の大爆発の後沈没した。岡田次作艦長以下多数の乗組員が艦と運命を共にしている。その数は八百名を超えた。

「赤城」と「加賀」は悲劇の中で一九四二年六月五日に同時に艦の生涯を閉じたのである。

補記

以下に航空母艦「赤城」と「加賀」の主な歴代の艦長を紹介する。

両艦は主力艦であっただけに就任した艦長のほとんどはその後提督に昇格し要職に就くこ

とになった。

「赤城」は初代からミッドウェー海戦で失われるまでに二十一人の艦長が就任している。一方「加賀」の艦長には十五人が就任している。期間は両艦の艦長ともに大半が一年以内であるが、その中で最も長かったのは「加賀」の八代目艦長三竝貞三大佐の二年一ヵ月で、「赤城」では十一代目艦長の塚原二四三大佐の一年一ヵ月であった。

「赤城」

三代目　山本　五十六大佐　後元帥大将　連合艦隊司令長官　戦死
七代目　和田　秀穂　大佐　後中将　旅順要港部司令官
八代目　大西　次郎　大佐　後少将　呉警備戦隊司令官
十一代目　塚原　二四三大佐　後大将　横須賀鎮守府司令長官
十四代目　寺田　幸吉　大佐　後少将　第十二連合航空隊司令官
十七代目　寺岡　謹平　大佐　後中将　第三航空艦隊司令長官
十八代目　草鹿　龍之介大佐　後中将　連合艦隊参謀長
二十代目　長谷川　喜一大佐　後中将　第二十二航空隊司令官　戦死
二十一代目　青木　泰二郎大佐　後辞職

青木大佐はミッドウェー海戦で沈没した四隻の航空母艦の艦長では唯一の生き残り

であった。生還したことに対し帰還後、海軍部内から激しい突き上げがあり、理不尽ながら辞職することで責任を取ることになった。

「加賀」

初代　河村　儀一郎大佐　後中将　霞ヶ浦航空隊司令

五代目　原　五郎　大佐　後中将　舞鶴鎮守府司令長官

九代目　稲垣　生起　大佐　後中将　海軍大学校校長

十一代目　大野　一郎　大佐　後中将　大阪警備府司令長官

十二代目　吉富　説三　大佐　後少将　神戸在勤武官

十四代目　山田　定義　大佐　後中将　第三航空艦隊司令長官

十五代目　岡田　次作　大佐　死後少将　戦死後少将に特別進級

「蒼龍」艦長柳本柳作大佐も「飛龍」艦長加来止男大佐もミッドウェー海戦で艦と共に没。いずれも戦死後少将に特別進級している。

あとがき

航空母艦「赤城」と「加賀」は日本海軍の航空母艦の発展過程を語る上で、もっとも重要な艦である。

二艦は多段式飛行甲板型の航空母艦として誕生はしたが、この構造はその後の急速な航空機の発達の中では運用が困難となり、結局は単純な一段式飛行甲板型の航空母艦に改造された。

航空兵器や航空母艦の装備品の発達は日進月歩である。特に航空機の発達はその代表でもある。航空母艦「赤城」「加賀」の設計・建造が展開されていた一九二五年（大正十四年）頃の第一線用の軍用機は五年後の一九三〇年（昭和五年）頃には早くも旧式化し、この時代の新鋭機もさらに五年後の一九三五年（昭和十年）頃には見劣りするのであった。

「赤城」と「加賀」は軍用機が目まぐるしく進化していた時代に建造され完成した航空母艦

であり、設計当初の思考は完成当時には早くも時代遅れになっている恐れがあったのである。「赤城」と「加賀」の三段式飛行甲板の構想は正にそれを代表するものであり、完成した頃には、両艦の最大の特徴であった二段目三段目の発艦用飛行甲板の運用には、搭載する飛行機の発達により早くも齟齬が生じていたのであった。

両航空母艦の多段式飛行甲板の構想は飛行機の急速な発達の中に翻弄され、短期間の間に最大の特徴はもはや生かされなくなってしまったのである。

多段式飛行甲板の構想が生まれた要因の一つに、当時の艦上機の着艦に際しての制動方式には縦索式着艦停止装置しか存在しなかった、ということがある。このために着艦専用の飛行甲板を設けざるを得なかったのだ。それにともない発艦専用の飛行甲板を設ける必要が生じたのである。

しかしこれも両艦が完成した直後には画期的な横索式着艦停止装置が開発され、飛行甲板をわざわざ多段にする必要をなくしたのであった。

「赤城」も「加賀」も多段式飛行甲板型の航空母艦から一段式飛行甲板型の航空母艦に改造されたタイミングは決して早いわけではなく、むしろ遅きに失した感も否めない。しかしこの間に両航空母艦を投入するような大規模な航空作戦が存在しなかったことは両航空母艦には幸運であった。

一段式飛行甲板型の航空母艦に改造された「赤城」と「加賀」は一流の近代的航空母艦に

進化していた。勿論この両航空母艦にもいくつもの欠陥は存在した。しかしそれはより高性能な航空母艦を知ったからこそできる評価であり、一段式飛行甲板型の航空母艦としては当時では第一級で最強の航空母艦であったはずである。

両航空母艦の飛行甲板の形状や日本海軍の航空母艦特有の煙突の配置・構造、コンパクトにまとめられた艦橋等々、申し分のない設計であったであろう。ただしイギリス海軍の航空母艦フユーリアスの影響もあり、密閉型格納庫構造であったことが大きな悲劇をもたらしたことも間違いなさそうである。

密閉型格納庫もその天井に相当する飛行甲板に強靭な装甲板を張り爆弾の貫通を防げば、その存在価値は大きなものとなるはずである。中途半端な構造であったことに二艦の実戦での弱点が露呈してしまったのである。

「もし」という言葉は戦争を語るときには禁句であるが、あえて、もし「赤城」と「加賀」が沈没をまぬかれていれば、その後のソロモン諸島をめぐる戦況には、たとえ一時であれ、興味深い展開が見られたかもしれないと思うのは、あながち筆者ばかりではなかろうと思う。

興味の尽きない話である。

参考文献＊福井静夫『日本の軍艦』出版協同社＊木俣滋郎『日本空母戦史』図書出版社＊長谷川藤一『日本の航空母艦』グランプリ出版＊戦前船舶研究会『戦前船舶 No.16（空母天城型構造図）』＊『航空母艦 万有ガイドシリーズ24』小学館＊マーチン・ケーディン／中条健訳『日米航空戦史』経済往来社＊『未完成艦名艦』光栄＊『丸スペシャル日本海軍艦艇シリーズ2（赤城・加賀）』『同日本海軍艦艇シリーズ16（龍驤・鳳翔）』『同日本海軍艦艇シリーズ25（水上機母艦）』潮書房＊『軍艦メカ 第二巻（日本の空母）』潮書房＊『世界の艦船 二〇一一年一月号増刊（日本航空母艦史）』海人社＊アジア歴史資料センター資料／軍艦加賀を航空母艦に改造する件・軍艦天城を航空母艦に改造する件＊『日本海軍戦闘機隊（航空情報別冊）』酣燈社＊『日本航空機総集（愛知・三菱・中島各編）』出版協同社

写真提供／杉山弘一・防衛研究所戦史研究センター・雑誌「丸」編集部

NF文庫書き下ろし作品

ＮＦ文庫

航空母艦「赤城」「加賀」

二〇一四年二月 十六 日 印刷
二〇一四年二月二十二日 発行

著 者 大内建二
発行者 高城直一

発行所 株式会社 潮書房光人社
〒102-0073 東京都千代田区九段北一-九-十一
振替／〇〇一七〇-六-五四六九三
電話／〇三-三二六五-一八六四㈹
印刷所 モリモト印刷株式会社
製本所 東 京 美 術 紙 工

定価はカバーに表示してあります
乱丁・落丁のものはお取りかえ致します。本文は中性紙を使用

ISBN978-4-7698-2818-1 C0195
http://www.kojinsha.co.jp

NF文庫

刊行のことば

第二次世界大戦の戦火が熄《や》んで五〇年——その間、小社は夥しい数の戦争の記録を渉猟し、発掘し、常に公正なる立場を貫いて書誌とし、大方の絶讃を博して今日に及ぶが、その源は、散華された世代への熱き思い入れであり、同時に、その記録を誌して平和の礎とし、後世に伝えんとするにある。

小社の出版物は、戦記、伝記、文学、エッセイ、写真集、その他、すでに一、〇〇〇点を越え、加えて戦後五〇年になんなんとするを契機として、「光人社NF（ノンフィクション）文庫」を創刊して、読者諸賢の熱烈要望におこたえする次第である。人生のバイブルとして、心弱きときの活性の糧《かて》として、散華の世代からの感動の肉声に、あなたもぜひ、耳を傾けて下さい。